Personalauswahl und -entwicklung mit Persönlichkeitstests

Praxis der Personalpsychologie

Human Resource Management kompakt

Band 9

Personalauswahl und -entwicklung mit Persönlichkeitstests

von Dr. Rüdiger Hossiep und Dipl.-Psych. Oliver Mühlhaus

Herausgeber der Reihe:

Prof. Dr. Heinz Schuler, Dr. Rüdiger Hossiep,
Prof. Dr. Martin Kleinmann, Prof. Dr. Werner Sarges

Personalauswahl und -entwicklung mit Persönlichkeitstests

von
Rüdiger Hossiep
und Oliver Mühlhaus

HOGREFE   GÖTTINGEN · BERN · WIEN
TORONTO · SEATTLE · OXFORD · PRAG

Dr. Rüdiger Hossiep, geb. 1959. Studium der Psychologie, Wirtschafts- und Sozialwissenschaften an der Ruhr-Universität Bochum (RUB). 1994 Promotion. 1985-1990 Tätigkeit in der Wirtschaft bei der Unternehmensberatungsgesellschaft Schröder & Partner (Düsseldorf) und bei der Deutsche Bank AG (Frankfurt). Seit 1990 erneut an der Fakultät für Psychologie der RUB tätig. Rüdiger Hossiep gehört zu den führenden Management-Diagnostikern im deutschsprachigen Raum. Er ist Autor mehrerer einschlägiger Fachbücher sowie von psychologischen Testverfahren für den Fach- und Führungskräftebereich.

Dipl.-Psych. Oliver Mühlhaus, geb. 1969. Ausbildung zum Bankkaufmann. Studium der Psychologie und Wirtschaftswissenschaften in Bochum. Seit 1996 Mitarbeit im Projekt zur Entwicklung des „Bochumer Inventars zur berufsbezogenen Persönlichkeitsbeschreibung" an der Ruhr-Universität Bochum (RUB). Von 1999 bis 2003 Wissenschaftlicher Mitarbeiter an der Fakultät für Psychologie der RUB. Seit 1998 freiberuflich tätig als Trainer und Berater, seit 2003 in der Mühlhaus und Partner Unternehmensberatung.

Bibliografische Information Der Deutschen Bibliothek

Die Deutsche Bibliothek verzeichnet diese Publikation in der Deutschen Nationalbibliografie; detaillierte bibliografische Daten sind im Internet über http://dnb.ddb.de abrufbar.

© 2005 Hogrefe Verlag GmbH & Co. KG
Göttingen · Bern · Wien · Toronto · Seattle · Oxford · Prag
Rohnsweg 25, 37085 Göttingen

http://www.hogrefe.de
Aktuelle Informationen · Weitere Titel zum Thema · Ergänzende Materialien

Umschlagbild: © Bildagentur Mauritius GmbH
Satz: Grafik-Design Fischer, Weimar
Druck: AZ Druck und Datentechnik GmbH, Kempten
Printed in Germany
Auf säurefreiem Papier gedruckt

ISBN 3-8017-1490-X

Inhaltsverzeichnis

Karten:

Seriöser Persönlichkeitstest oder mangelhaftes Verfahren – Fragen zur Testauswahl

Checkliste zur Profilinterpretation von Persönlichkeitstests und beispielhafter Ablauf eines Rückmeldegesprächs

1 Beschreibung des Gegenstandsbereiches

Persönlichkeitstests werden in deutschen Unternehmen gemessen an ihrer Leistungsfähigkeit selten eingesetzt – auch im Vergleich zu anderen europäischen Ländern. Dies liegt vielfach am schwer überschaubaren Testangebot und an geringer Erfahrung mit den Instrumenten in den Unternehmen. Zum anderen bestehen häufiger Vorbehalte, die von dubiosen „Psychotests" und unprofessioneller Anwendung herrühren. Ebenso lassen sich jedoch auch überzogene Erwartungen antreffen. An den genannten Aspekten setzt dieses Kapitel an – es beschreibt zum einen, was einen berufsbezogenen Persönlichkeitstest ausmachen sollte. Zum anderen wird dargestellt, welche Ziele mit dem Einsatz realistischerweise verbunden sein können und welcher Nutzen zu erwarten ist.

1.1 Persönlichkeitstests in Personalauswahl und -entwicklung

Der Markt für berufsbezogene Persönlichkeitstests (vgl. z. B. Hossiep, Paschen & Mühlhaus, 2000; Sarges & Wottawa, 2001; Kanning & Holling, 2002; Erpenbeck & v. Rosenstiel, 2003) ist von zwei wesentlichen Anbietergruppen gekennzeichnet. Zum einen finden sich immer mehr auf den Berufsbereich ausgerichtete wissenschaftlich-standardisierte Testverfahren, die im Wesentlichen von den bekannten Testverlagen angeboten werden (vor allem dem Hogrefe Verlag). Zum anderen ist eine große Anzahl von Beratungsgesellschaften auszumachen, die entweder aus dem Ausland lizenzierte, oder selbst entwickelte Verfahren offerieren. Das Angebot umfasst vor allem Persönlichkeitsstrukturtests (wie z. B. 16 PF-R, Schneewind & Graf, 1998) und Typentests (wie z. B. MBTI, Bents & Blank, 1995). Grundsätzlich sind zwei Zielrichtungen des Einsatzes zu unterscheiden. Diese haben natürlich entsprechende Auswirkungen auf die Durchführung (vgl. Kap. 3.4). Bei Fragestellungen, die auf Auswahl- bzw. Selektionsprozesse fokussieren, gilt es, unter den Kandidaten eine Unterscheidung hinsichtlich verschiedener Merkmale (z. B. Motivation, Soziale Kompetenzen) zu ermöglichen. Auf diese Differenzierung bauen dann unter anderem Personalentscheidungen (z. B. Einstellung, Beförderung) auf. Im Gegensatz dazu konzentriert sich der Einsatz von Persönlichkeitstests im Kontext der Personalentwicklung häufig auf die Unterstützung der Laufbahnentwicklung der Teilnehmer. Hilfsmittel dabei sind etwa Selbstbild-/Fremdbild-Abgleiche und Standortbestimmungen. Im Rahmen von Trainingsmaßnahmen dienen Tests vielfach dazu, den Teilnehmern Grundwissen über Persönlichkeitsunterschiede zu vermitteln. So finden Typentests ihren Einsatzschwerpunkt meist in Seminaren (z. B. Kommunikations- oder Verkaufsschulungen, Persönlichkeits- oder Führungstrainings) sowie in Team-

Zwei Anbietergruppen: Testverlage und Beratungsgesellschaften

1

entwicklungen. Sie sind kompakt, umfassen wenige Merkmale der Persönlichkeit (z. B. lediglich zwei bei DISG, s. Kap. 3.2.6), und die Ergebnisse enthalten häufig keine ausdrückliche Wertung, da alle resultierenden Persönlichkeitstypen gleichberechtigt nebeneinander stehen. Die Typentests haben in der Regel einen die gesamte Persönlichkeit umfassenden Entwicklungshintergrund und zielen nicht speziell auf den beruflichen Lebensbereich. Persönlichkeitsstrukturtests enthalten in der Regel eine größere Zahl von Dimensionen (z. B. 16 beim 16 PF-R oder 14 beim BIP, siehe Kap. 3.2), beanspruchen deshalb mehr Bearbeitungszeit, und bieten in den Ergebnissen mehr Breite und Tiefe. Die resultierenden Profile erlauben eine qualitative und quantitative Bewertung, z. B. in Hinblick auf die Passung zu bestimmten beruflichen Anforderungen. Sie eignen sich auch für Trainings, ebenso für Personalauswahl, Platzierung und Beratung (vgl. z. B. Laux, 2003).

Preis-/ Leistungs- verhältnis sehr unter- schiedlich

Leistungen und Kosten der einzelnen Verfahren sind häufig wenig transparent, und insofern sind ohne eine vertiefte Beschäftigung mit der Materie – wozu dieser Band die Möglichkeit bietet – keine sinnvollen Vergleichsmöglichkeiten vorhanden. In jüngerer Zeit sind zwar verschiedene Übersichtsbände mit Auflistungen der Verfahren veröffentlicht worden, aber eine solide Bewertung der einzelnen Tests ist häufig nicht zu leisten. Die Auswahl von Verfahren für den Unternehmenseinsatz kann sich demzufolge häufig nicht auf wirklich aussagekräftige Informationen stützen. Recherchen ergeben, dass für die im Prinzip gleiche Leistung (einmaliger Einsatz und Auswertung eines bestimmten Typentests zur persönlichen Weiterentwicklung des Testteilnehmers) je nach Anbieter Kosten von ca. 5 bis 500 Euro anfallen können. Der wesentliche Unterschied liegt häufig darin, ob der Anbieter lediglich das Testmaterial und eine Anleitung vertreibt, oder ob er selbst im Rahmen einer Beratungsleistung Auswertungen vornimmt und Interpretationshinweise liefert. Letztere haben z. T. einen beträchtlichen Umfang und werden häufig in Form eines Ergebnisreports als gesonderte Dienstleistung angeboten, für die dann oft mehrere hundert Euro investiert werden müssen. Inhaltlich bestehen diese Reports in der Regel aus vorgefertigten Textbausteinen, die von einer Software je nach Teilnehmerantworten zusammengestellt werden.

Auffällig im Markt ist weiterhin die große Spannbreite in Bezug auf die vertrieblichen Aktivitäten der Anbieter. Während z. T. zu professionellen Verfahren kaum Werbung geschaltet wird, werden andere, weniger elaborierte Angebote hochprofessionell gestaltet, vermarktet und über diesen Weg abgesetzt. Die Auswahlentscheidung der Kunden des Verfahrens wird häufig durch fehlenden fachlichen Hintergrund erschwert. Zudem existieren in den Unternehmen selbst kaum Ansprechpartner, die eine qualifizierte Beratung gewährleisten können. Da (ähnlich wie bei Horoskopen) viele Testergebnisse oberflächlich betrachtet durchaus plausibel erscheinen, lassen sich auf diese Weise hanebüchene „Testverfahren" mit pseudowissen-

2

schaftlichem Anstrich erfolgreich vermarkten (vgl. Schwertfeger, 2004). Dies ist insbesondere deshalb problematisch, weil beim Einsatz von Testverfahren zur Personalauswahl und -entwicklung die Folgen von Fehlentscheidungen für Person *und* Organisation besonders gravierend sind. Insofern lohnt sich gerade hier die Berücksichtigung folgender Empfehlungen, um keine Fehlinvestitionen zu tätigen (vgl. auch den detaillierteren Fragenkatalog auf der beiliegenden Karte):

- Verfahren umfassend erläutern lassen, bei Lizenzierungen auch einmal die Originalangaben der Entwickler durchsehen. Gelegentlich sind die Entwickler deutlich offener in ihren Ausführungen und gestehen die Grenzen klarer ein bzw. kennen diese besser als die Berater vor Ort.

Bei der Entscheidung für einen Test zu prüfen

- Soweit eine „Black Box" vorhanden ist, also Bereiche der Auswertung o. Ä., die der Anbieter nicht offenbaren will, sollte dies besonders kritisch hinterfragt werden. Bisweilen wird damit nur fehlende Substanz bzw. eigene Unkenntnis vor den Augen der Kunden verborgen (Bsp.: Auf Fragen zur Auswertungsprozedur wird geantwortet: „Das ist alles höhere Mathematik"). Interessenten sollten sich genau erläutern lassen, was die schützenswerten Sachverhalte sind, und wer diese warum/wann entwickelt hat.
- Es ist aufschlussreich, im Selbstversuch teilzunehmen und die Testfragen sowie die Nachvollziehbarkeit der Ergebnisse genau in Augenschein zu nehmen.
- Wissenschaftliche Hintergründe von einem neutralen Fachmann prüfen lassen (i. d. R. Diplom-Psychologen oder einschlägig bewanderte Personen mit Kenntnissen in psychologischer Testentwicklung).
- Kosten und Leistungen sollten von einer dafür kompetenten Person mit alternativen Angeboten verglichen werden. Das Leistungs-/Investitionsverhältnis kann (wie oben beschrieben) dramatisch unterschiedlich ausfallen. Hohe Startinvestitionen fallen in der Regel auch dann an, wenn kostenintensive Anwendungsschulungen vor dem Ersteinsatz zur Auflage gemacht werden (die meist der Testanbieter exklusiv durchführt). Es sollte nicht außer Acht gelassen werden, dass heute zahlreiche seriöse, aussagekräftige Verfahren auch ohne Lizenzierungs-Schulungen oder regelmäßige Lizenzabgaben erhältlich sind.
- Bei Ergebnisgutachten und -reports genau auf das Verhältnis zwischen der Anzahl und Breite der Fragen sowie auf den Umfang des Reports achten. Aus dem Informationsgehalt von 50 Fragen kann auch kein profilierter Fachmann – und schon gar keine Software – einen seriösen Report von 10 bis 30 Seiten erstellen. Der Umfang kommt in solchen Fällen nicht selten durch Wiederholung des Gleichen mit anderen Worten, ungeprüfte Hypothesen, allgemeine, nicht selten zufallsgenerierte Füll-Bausteine oder Ähnliches zu Stande.
- Gerade wenn nicht nur für Testmaterial, sondern für damit verbundene Dienstleistungen geworben wird, sind die Kompetenzen der Berater genau zu durchleuchten. Hierzu können etwa Bewertungsfragen zu eigenen

3

schwierigen Anwendungsfällen formuliert werden, zu denen die Berater fachlich Stellung beziehen sollen. Zum Teil sind die Repräsentanten der Vertriebsorganisationen nur oberflächlich auf wenige Verkaufsargumentationen und das Darstellen von wissenschaftlichen Vokabeln geschult, besitzen aber keinen hinreichenden fachlichen Hintergrund. Wenn in die angebotene Leistung kein eigenes Know-how des Anbieters einfließt, sind Pro-Kopf-Kosten von mehreren Hundert Euro je Durchführung/ Person kaum zu rechtfertigen – und trotzdem häufig anzutreffen (Ausnahme: Der Anbieter hat eine technisch komplexe Lösung selbst entwickelt, die sich nur begrenzt absetzen lässt, und er daher die eigenen Entwicklungskosten umlegen muss. Dies ist bei den meist aus US-Amerika lizenzierten Typentests jedoch in der Regel nicht der Fall). In erstgenannten Fall finanziert der Kunde wohl oft die Lizenzierungskosten für das Testverfahren, und könnte von Fachleuten eine kompetentere Leistung zu gleichen Kosten beziehen, da diese keine Fixkosten für Lizenzen abführen müssen, und daher in der Auswahl der Instrumente frei sind.

1.2 Definition „Berufsbezogener Persönlichkeitstest"

Bei einem berufsbezogenen Persönlichkeitstest handelt es sich um ein Fragebogenverfahren, das auf Basis einer Selbsteinschätzung eine mehrdimensionale Persönlichkeitsbeschreibung in Bezug auf berufsbezogene Merkmale ermöglicht.

Von Persönlichkeitstests sind als zweite wesentliche Kategorie psychologischer Testverfahren Leistungstests abzugrenzen. Hierzu zählen nach Brähler, Holling, Leutner und Petermann (2002) z. B. Intelligenz- und Entwicklungstests. Bei Leistungstests steht i. d. R. im Vordergrund, die dargebotenen Aufgaben möglichst zügig und korrekt zu lösen. Persönlichkeitstests fordern den Teilnehmer demgegenüber dazu auf, anhand der dargebotenen Aussagen oder Fragen eine Beschreibung der eigenen Verhaltensweisen, Gewohnheiten bzw. Charakterzüge vorzunehmen. Die Auswertung erfolgt dabei nicht hinsichtlich richtiger oder falscher Antworten, sondern bezüglich geringer oder stärker ausgeprägter Persönlichkeitszüge. Das Ergebnis sollte nicht nur aus einer einfachen Auszählung der Teilnehmerantworten bestehen (also nicht nur dem Prinzip entsprechen: 12 Antworten im Sinne von „Extraversion" und 7 Antworten im Sinne von „Introversion" ergeben im Ergebnistyp „Extravertiert"). Vielmehr sollte das Ergebnis auch den Abgleich mit einer relevanten Referenzgruppe ermöglichen, also standardisiert sein (vgl. Kap. 3.1.5). Die Testfragen sollten einen Bezug zum beruflichen Lebensbereich ermöglichen und zudem im Berufskontext nicht deplatziert sein (also z. B. keine Krankheitssymptome oder intime Verhaltensweisen erfragen). Nicht erforderlich ist allerdings, dass sich jede Testfrage ausdrücklich auf den Beruf bezieht. Mit Berufsbezug ist auch nicht gemeint, dass in jeder Testfrage ein Wort aus der Betriebs-/Wirtschaftssprache erscheinen müsste. Insofern kann die Frage „Ich gehe offen auf andere zu" zielführender sein, als die Frage „Im Betrieb gehe ich offen auf meine Kollegen zu". Die Inhaltsbereiche eines berufsbezogenen Persönlichkeitstests sollten eine nachgewiesene Relevanz für den Anwendungsbereich besitzen (vgl. Kap. 3.1.5).

„Gute" Testfragen

Was sind „gute" (z. B. qualitativ aufschlussreiche) Testfragen im Sinne eines berufsbezogenen Persönlichkeitstests? „Gute" Testfragen sind z. B. diejenigen, die vorhandene Unterschiede zwischen den Teilnehmern auch abbilden können. Nachfolgend ist hierzu das Beispiel einer Testfrage aus dem Bochumer Inventar zur berufsbezogenen Persönlichkeitsbeschreibung (BIP; Hossiep & Paschen, 2003) aufgeführt: *Ich gelte als ein zurückhaltender Mensch* (Item Nr. 138). Begründung: Die Aussage ist leicht verständlich. Sie trennt sehr gut zwischen den Teilnehmern. Sie hat einen hohen Zusammenhang mit der zugeordneten Skala (Kontaktfähigkeit). Die Antworten verteilen sich gut um den Mittelwert der Antwortskala. Entgegen möglicher Vermutungen beschreiben sich viele Personen hier als durchaus zurückhaltend. Was sind „schlechte" (z. B. qualitativ wenig aufschlussreiche) Testfragen im obigen Sinne? Beispiel: *Wenn ich mal verzweifelt bin, gelingt es mir auch immer wieder, mich aufzurichten.* Begründung: Die Testfrage umfasst mehrere Einzelaussagen, die voneinander abhängig sind. Sie ist für einige Personen nicht eindeutig zu beantworten (Wie antworte ich, wenn ich nicht verzweifelt bin?). Die Beantwortung ist somit nur bei zustimmenden Antworten interpretierbar, bei Ablehnung allerdings nicht.

Verschiedene Antwortformate

Mehrstufige Antwortskalen bieten den Vorteil, Antworten differenziert vornehmen zu können (siehe Abb. 1). Der Teilnehmer kann angeben, dass er mehr oder weniger stark zustimmt. Sie sind verbreitet und eignen sich für den Einsatz in Auswahl-, Coaching/Beratung und Teamentwicklung.

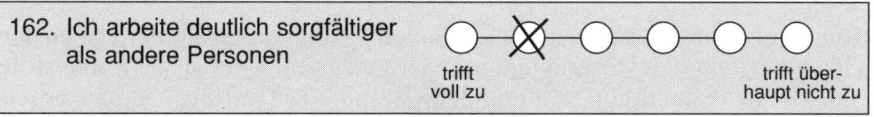

Abbildung 1:
Testaussage 162 des Bochumer Inventars zur berufsbezogenen Persönlichkeitsbeschreibung (BIP)

Zweistufige Antwortskalen, die zu einer Zustimmung oder Ablehnung zwingen (ggf. noch mit dem Zusatzoption „weiß nicht") sind erfahrungsgemäß weniger akzeptiert (siehe Abb. 2). Die Teilnehmer äußern bisweilen einen gewissen Unmut darüber, sich zwischen Alternativen entscheiden zu müssen, die ihnen allesamt nicht entsprechen.

20	Ich kann mich auch in ungeordneten Umständen recht wohl fühlen	⊠	stimmt
		(b)	?
		(c)	stimmt nicht

Abbildung 2:
Testaussage 20 des 16 Persönlichkeits-Faktoren-Tests (16 PF-R)

So genannte Forced-Choice-Antwortskalen zwingen den Teilnehmer, sich zwischen unterschiedlichen Optionen zu entscheiden (siehe Abb. 3). Vorteil soll sein, dass soziale Erwünschtheit sich weniger niederschlagen kann. Auch hier kommt es aus den zuvor genannten Gründen teilweise zu Unmut. Wichtig ist ebenfalls, dass aus der erzwungenen Antwort folgen kann, dass man sich auch im Ergebnis einer Skala manchmal weniger getroffen fühlt.

Am ehesten: Rubbeln Sie jeweils **den** Satz/Begriff frei, der Ihr **Verhalten** im gewählten Umfeld „am ehesten" beschreibt.

1

ich teile gerne ....   □   ich will gewinnen ....   □

ich bin umgänglich .... [N]   ich lache viel ....   □

Abbildung 3:
Testaussage 1 des DISG-Persönlichkeitsprofils (Teilnehmerfragebogen, Fassung 2004)

In der Regel ist die Beantwortung für Teilnehmer umso treffender möglich, je mehr unterscheidbare Stufen zur Antwort zur Verfügung stehen. Über sieben Stufen hinaus verkehrt sich dies jedoch wieder, da der Unterschied zwischen den einzelnen Stufen nicht mehr differenziert werden kann (Miller, 1956).

„Lügenskalen" Kontrovers wird in der Praxis die Sinnhaftigkeit so genannter „Lügenskalen" diskutiert (zum Umgang mit sozialer Erwünschtheit vgl. auch Kap. 4.5). Unter einer „Lügenskala" ist eine Sammlung von Testfragen zu verstehen, deren Beantwortung in einer bestimmten Form nur als Lüge gewertet werden kann, da angenommen wird, dass bestimmte gewählte Antwortkategorien bei aufrichtiger Bearbeitung nicht zu Stande kommen können. Hierdurch sollen Effekte bewusster oder nicht beabsichtigter Verfälschung der Ergebnisse kontrolliert werden. Die Verwendung von Lügenskalen erfreut sich vor allem im anglo-amerikanischen Sprachraum einer gewissen Beliebtheit. Als Gegenposition im Sinne der sozialen Validität (vgl. Schuler & Stehle, 1983) ist die Transparenz von Situation und Instrument zu sehen, die u. a. auch in nachvollziehbaren Testaussagen zum Tragen kommt. Das Ziel ist die Schaffung einer von Aufrichtigkeit und Glaubwürdigkeit geprägten

Atmosphäre, bei der alle Doppelbödigkeiten vermieden werden. Diese Atmosphäre soll den Testteilnehmer zu einer möglichst wahrheitsgetreuen Selbstdarstellung motivieren.

1.3 Abgrenzung „Berufsbezogener Persönlichkeitstest" zu ähnlichen Begriffen

Berufsbezogene Persönlichkeitsfragebogen dienen der anforderungsbezogenen Erfassung von außerfachlichen Kompetenzen im beruflichen Kontext. Unter diesem Konzept existieren sehr unterschiedliche Verfahren (s. o.), die von sich behaupten, dieser Kategorie zu entsprechen. Bisweilen ist jedoch ein völlig anders ausgerichteter Entwicklungshintergrund festzustellen, und die Verfahren wurden später im Anwendungsfeld Wirschaft eingesetzt, passen jedoch fachlich dort nicht hin (z. B. klinisch-psychologische Fragebogen wie der MMPI (von Hathaway & McKinley, 2000) oder der FPI-R (Fahrenberg, Hampel & Selg, 2001), die auch heute noch von Personalberatungen verwendet werden). Weiterhin sind auch Testverfahren zu erwähnen, die mit dem Instrument eine Erfassung von Potenzialen, z. B. Führungspotenzialen, in Aussicht stellen – dann allerdings ebenfalls Selbsteinschätzungen über Persönlichkeitsmerkmale vornehmen. Zum Potenzial zählen nach dem gegenwärtigen Stand der psychologischen Forschung unbedingt auch Komponenten der intellektuellen Leistungsfähigkeit und Lernfähigkeit bzw. Lernbereitschaft. Für eine fundierte Potenzialaussage ist in der Regel die diagnostische Betrachtung eines Lernprozesses erforderlich (vgl. z. B. überblicksartig Kleinmann & Strauß, 2000) und nicht nur eine einmalige Datenerhebung zum Selbstbild der Person.

Welche Tests eignen sich für den Einsatz in der Wirtschaft?

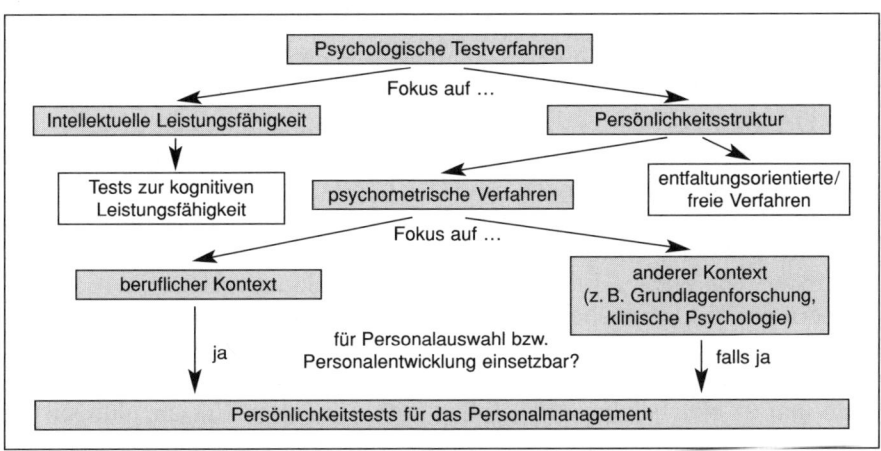

Abbildung 4:
Zur Einordnung von Persönlichkeitstests für das Personalmanagement
in die Thematik psychologischer Testverfahren

Grundsätzlich ist festzustellen, dass die spezifische Ausprägung von bestimmten Persönlichkeitsmerkmalen in Interaktion mit einer bestimmten beruflichen Tätigkeit maßgeblich für berufliche Leistung, Zufriedenheit und nicht zuletzt für psychische und physische Gesundheit verantwortlich ist. Die Passung eines Bündels besonderer Eigenschaftsausprägungen trägt zum Gelingen bzw. zum Scheitern in einer beruflichen Position erheblich bei. Um das Ausmaß dieser Passung zu prüfen, sind solche Testverfahren erforderlich, welche die erwiesenermaßen erfolgsrelevanten Merkmale auch nachweislich abdecken (vgl. Kap. 3.1.5). Eine Übersicht und Diskussion beruflich erfolgsrelevanter Merkmale der Persönlichkeit findet sich in Kapitel 4.3.

1.4 Bedeutung für das Personalmanagement

Unterschätzte Bedeutung im deutschsprachigen Raum

Persönlichkeitstests haben in deutschen Unternehmen, gemessen an ihrer Leistungsfähigkeit, eine relativ geringe Bedeutung. Dies hat u. a. damit zu tun, dass die Fachleute (Verhaltenswissenschaftler, speziell die Psychologenschaft) sich über lange Jahre von der Wirtschaft weit gehend distanziert haben, und das Know-how somit vergleichsweise wenig einsickern und genutzt werden konnte. Im anglo-amerikanischen Sprachraum ist hingegen der Einsatz standardisierter Persönlichkeitsfragebogen weitaus üblicher. Auch sind regelmäßige Beurteilungen der Mitarbeiter, der Führungskräfte, oder untereinander, seit langen Jahren etabliert. Wer für Unternehmen mit Stammsitz in diesen Ländern tätig ist, ist meist gewohnt, sich regelmäßigen Assessments zu unterziehen. Insofern hinkt Deutschland, was den Einsatz professioneller Auswahl- und Platzierungsinstrumente angeht, hinterher. Es ist jedoch eine zunehmende Tendenz in Richtung eines professionelleren Umgangs mit den Verfahren festzustellen (vgl. Hossiep, 2003a).

Dass Personalauswahl und Personalentwicklung höchste Bedeutung für den unternehmerischen und organisationalen Erfolg zukommt, dürfte unstrittig sein. Der Beitrag, den das psychologische Methodeninventar dazu leisten kann, ist erheblich. Gleichwohl klafft immer noch eine große Lücke zwischen der weiter zunehmenden Relevanz berufsbezogener Entscheidungen und der Nutzung psychologischen Know-hows in diesem Bereich. Allein die Quantität der zu besetzenden Arbeitsplätze in bundesdeutschen Organisationen von etwa 2 Millionen und einer Relation von etwa 10:1 Bewerbern pro Vakanz zieht ein Volumen von jährlich 20 Millionen zu treffenden Zuordnungsentscheidungen nach sich (vgl. Hossiep, 2000). Diese Zahlen beziehen sich wohlbemerkt nur auf Neueinstellungen. Mindestens noch mal in gleicher Quantität fallen wahrscheinlich Entscheidungen im Rahmen interner Besetzungen (z. B. im Sinne von Personalentwicklungsmaßnahmen) an. Wenn es gelingt, die damit verbundenen Entscheidungen – und hierzu kann Personalauswahl und -entwicklung mit Persönlichkeitstests einen Beitrag leisten – nur um einige Prozentpunkte zu optimieren,

8

sind die positiven volkswirtschaftlichen Effekte geradezu gigantisch (vgl. Wottawa 2000a). Vergleichsuntersuchungen zum Einsatz des psychologischen Methodeninventars im internationalen Raum (siehe z. B. Schuler, Frier & Kaufmann, 1993; Shackleton & Newell, 1994; Ryan, McFarland, Baron & Page, 1999; Schuler, 2000a) bestätigen immer wieder die stiefmütterliche Anwendung der Verfahren zur Personalauswahl in Deutschland. Da in den entsprechenden Vergleichsländern im westlichen Wirtschaftskontext die Verwendungshäufigkeit von Testverfahren für Fach- und Führungskräfte etwa zehn Mal so hoch ist, darf Deutschland auf diesem Feld getrost als Entwicklungsland bezeichnet werden.

1.5   Betrieblicher Nutzen

Ein erster Nutzen liegt in der Optimierung von Entscheidungen (Besetzung/ Platzierung) sowie der betrieblichen Zielerreichung (Teamentwicklung, Einzelcoaching). Einschlägige Berechnungsformeln zur Kalkulation des pekuniären Nutzens finden sich weiter unten. Eine einfachere Form der Nutzendarstellung ist in Abbildung 5 weiter unten dargestellt. Die in Studien (vgl. Schmidt & Hunter, 1998; siehe auch Kleinmann, 2003) ermittelten durchschnittlichen Validitätskennwerte für verschiedene Vorgehensweisen (für Interviews sowie Assessment Center jeweils etwa $r = .35$, für eine Kombination mit Intelligenz- und Persönlichkeitstests etwa $r = .60$) sind hier in Trefferquoten umgerechnet und zusammen mit dem exemplarischen Entwicklungs- und Durchführungsaufwand für vier Bewerber dargestellt. Dabei wurde davon ausgegangen, dass 20 Prozent der Kandidaten geeignet sind, und zehn Prozent tatsächlich ausgewählt werden. Die Trefferquote gibt den zu erwartenden Anteil Erfolgreicher unter den Eingestellten an. Selbstverständlich sind die genannten Trefferquoten beispielhaft und hängen in der Praxis von der Qualität und Eignung der eingesetzten Verfahren ab. So lassen z. B. berufsbezogene, zur Fragestellung passende Persönlichkeitstests beim Einsatz im Berufskontext eine höhere Validität erwarten als übergreifende, sehr allgemeine Persönlichkeitstests.

Optimierung von Entscheidungen

Das Beispiel verdeutlicht zugleich zwei grundlegende Erkenntnisse der eignungsdiagnostischen Forschung:
1. Es geht bei den eingesetzten Methoden um eine optimale Kombination, nicht um ein Entweder-Oder (vgl. auch Hossiep et al., 2000).
2. Der ergänzende Einsatz von geeigneten Persönlichkeitstests verbessert die Validität des Gesamtprozesses (vgl. Schmidt & Hunter, 1998).

Ein zweiter wesentlicher Nutzenaspekt ist die implizite Qualifizierung der beteiligten Führungskräfte. Diese lernen im Umgang mit den Resultaten geeigneter Persönlichkeitstests außerfachliche Anforderungsdimensionen

Qualifizierung der Führungskräfte

9

besser kennen und je nach Prozess ebenfalls, diese treffsicherer einzuschätzen. Außerdem profitieren sie vom Umgang mit den Ergebnissen durch Ausbildung einer genaueren Kenntnis über berufsrelevante persönliche Potenziale und Defizite. Diese Erkenntnisse und Einsichten können die Führungskräfte sowohl im täglichen Führungsgespräch als auch bei der Förderung bzw. Beurteilung ihrer Mitarbeiter einsetzen. Häufig ist das Interesse diese Zusammenhänge zu erkennen groß, verbunden mit dem Bedauern, in diesem Themenkreis als Führungskraft bisher wenig oder gar nicht geschult worden zu sein.

Tabelle 1:

Aufwand und Nutzen verschiedener Personalauswahlprozesse
mit/ohne Persönlichkeitstests

Interview ohne Strukturierung und spezielle Qualifizierung des Interviewers (auf Basis breiter beruflicher Erfahrung) 4 Teilnehmer	Assessment Center (AC) ohne psychologische Tests und längere Interviews, mit vorwiegender Verhaltensbeobachtung (z. B. Gruppen-AC) 4 Teilnehmer	Multimethodales AC mit Testeinsatz, Verhaltensbeobachtung, ausführlichen Interviewsequenzen 4 Teilnehmer
Trefferquote: ca. 40 %	Trefferquote: ca. 40 %	Trefferquote: ca. 60 %
Zusatznutzen über eine Eignungsbeurteilung hinaus:	Zusatznutzen über eine Eignungsbeurteilung hinaus: – Aus den Ergebnissen lassen sich Führungshinweise für den zukünftigen Vorgesetzten ableiten	Zusatznutzen über eine Eignungsbeurteilung hinaus: – Aus den Ergebnissen lassen sich Führungshinweise für den zukünftigen Vorgesetzten ableiten – Aus dem biografischen Interview und den Tests lässt sich eine präzisere Prognose ableiten, wie leicht bzw. schwer entwickelbar bestimmte Entwicklungsfelder sein werden, je nach ihrem Ursprung
Durchführungsaufwand: ca. 0,4–0,8 Tage	Durchführungsaufwand: 0,5–1 Tage	Durchführungsaufwand: 1–1,5 Tage
Vorbereitungsaufwand: ca. 1–2 Stunden	Entwicklungsaufwand bei Neuentwicklung: ca. 2–3 Tage	Entwicklungsaufwand bei Neuentwicklung: ca. 2,5–3,5 Tage

Verbesserte Treffsicherheit Die positiven betriebspraktischen Konsequenzen – auch absolut gesehen – niedrig erscheinender Validitätskoeffizienten können durchaus beträchtlich sein. Bei der Bewertung der Validität sollte jedoch nicht außer Acht gelassen werden, dass die absolute Höhe dieser Koeffizienten keine direkte Aussage über den praktischen Nutzen der Instrumente zulässt. Auch bei rela-

10

tiv geringen Validitätskoeffizienten kann durchaus eine relevante Verbesserung der Trefferquote erreicht werden (vgl. Taylor & Russell, 1939; Schuler, 2000b). Sie lässt sich vor allem dann erzielen, wenn die Grundquote (der Anteil der geeigneten Kandidaten unter den Bewerbern) und die Selektionsquote (der Anteil der berücksichtigten Bewerber) eher im mittleren Bereich liegen. Ist die Grundquote sehr hoch (sind also nahezu alle Bewerber geeignet), so kommt prinzipiell den Validitätskennzahlen der Auswahlverfahren eine geringere Bedeutung zu – die Trefferquote wird unter diesen Bedingungen bei niedriger Selektionsquote hoch sein. Wenn hingegen von einer sehr geringen Grundquote ausgegangen werden kann (es existieren kaum geeignete Kandidaten) und zugleich eine große Anzahl an Personen eingestellt werden muss (hohe Selektionsquote), so kann selbst mit höchst validen Auswahlinstrumenten keine wirklich zufriedenstellende Trefferquote erzielt werden. Gleichwohl ist gerade in dem Fall einer geringen Grundquote – insbesondere auf höherer Führungsebene häufiger anzutreffen – die Reduzierung von Fehlentscheidungen auch nur in geringem Umfang als eine entscheidende Verbesserung zu bewerten.

Die ursprünglichen Modelle zur Nutzenschätzung von Cronbach und Gleser (1965) wurden in nachfolgenden Arbeiten erheblich ausdifferenziert (vgl. Barthel, 1989; Kersting, 2004; Schuler & Höft, 2004). Für Rentabilitätsüberlegungen von Unternehmen sind die finanziellen Folgewirkungen von Personalentscheidungen in der Tat die wirklich relevante Stellgröße, d. h. letztlich gilt es zu verdeutlichen, dass Personalentscheidungen aus Unternehmenssicht stets eine erhebliche personenbezogene Investition darstellen, und sich der Einsatz des psychologischen Methodeninventars über Kostenvorteile eindrucksvoll rechtfertigen lässt (vgl. Hossiep, 2003b). Nutzen-Mess-Konzepte machen erreichbare Effizienzvorteile sichtbar, die aus der Wahl einer fundierten Entscheidungsregel und den daraus folgenden Zielerreichungsgraden resultiert. Hierbei ist die Streuung des einzelnen, zu Grunde gelegten Kriteriums (Produktivkraft) der entscheidende Gesichtspunkt. Obwohl praktische Durchführungsprobleme bestehen und dies sowohl hinsichtlich der Gewinnung der erforderlichen Daten für die Parameter der Nutzenmodelle wie auch hinsichtlich der Verteilungs- und Präzisionserfordernisse dieser Daten gilt, können bereits relativ einfache Formeln zur Berechnung des Nutzenzuwachsens beim Einsatz von Auswahlverfahren mit verschiedenen Validitäten die enormen Effizienzvorteile deutlich machen.

Kostenvorteile durch Testeinsatz

In der Übersicht (Abb. 5) ist der Nutzen einer Personalauswahlmaßnahme bei mittleren Personalaufwendungen von Euro 150.000 pro Jahr dargestellt und anhand eines konkreten Berechnungsbeispieles mit realistischen Zahlen hinterlegt. Hieraus ergibt sich summarisch berechnet in dem kalkulierten Fallbeispiel ein Nutzenzuwachs von Euro 410.000 in dem zu Grunde gelegten Zeitraum von 10 Jahren bereits für *eine* unter diesen Rahmenbedingungen ausgewählte Person. Mit aufwändigeren Kalkulationen

11

(vgl. z. B. Cascio, 1991) lässt sich z. B. unter Einbeziehung des Zinsfußes und anderer Determinanten eine Abschätzung vornehmen, die betriebswirtschaftlichen Erfordernissen durchaus gerecht wird. In der Tat ist davon auszugehen, dass die schädlichen Auswirkungen auf die gesamte Volkswirtschaft allein in der Bundesrepublik Deutschland durch das Unterlassen von wissenschaftlich psychologisch-gestützten Personalauswahlmaßnahmen pro Jahr mit einem mehrfachen zweistelligen Milliardenbetrag zu beziffern sind.

Formel: $$\Delta U = N_A \cdot T \cdot r_{xy} \cdot \overline{Z}_x \cdot SD_y - C \cdot N_B$$

Berechnungsbeispiel:

Mittlerer Personalkostenaufwand: € 150.000 p. a.   Selektionsquote: 20 %

N_A	1	Nettonutzen des Personalauswahlprogramms in Geldeinheiten
T	10	Betriebszugehörigkeit in Jahren
r_{xy}	.40	Validitätskoeffizient
$\overline{Z}_x$	1,4	mittlerer standardisierter Prädiktorwert der ausgewählten Bewerber nach Naylor-Shine-Tabelle
SD_y	75.000	geschätzte Standardabweichung der Berufsleistung in Geldeinheiten (50 % der Personalaufwendungen)
C	1.000	Kosten der Auswahl pro Bewerber
N_B	5	Anzahl der untersuchten Kandidaten
ΔU	in Euro	**410.000,– Nutzenzuwachs durch Einsatz eines validen Auswahlverfahrens**

Abbildung 5:
Berechnung des Nutzenzuwachses (in Euro) durch Einsatz eines validen Auswahlverfahrens am Beispiel einer Managementposition

Einschränkend ist anzunehmen, dass bei den hier niedergelegten Betrachtungen gedanklich von einer Dichotomisierung der Eignungsaussage ausgegangen wird, nämlich „geeignet" und „nicht geeignet". In der Praxis wird dies in zahlreichen Fällen durchaus anders aussehen. So ist insbesondere die Kategorie „geeignet" differenzierter zu analysieren. Selbstverständlich kann ein Kandidat für eine bestimmte Zielposition zunächst in gleicher Weise geeignet sein wie ein Mitbewerber um diese Vakanz. Gleichwohl ist aber z. B. zu bedenken, welches darüber hinausgehende Aufstiegs- und Entwicklungspotenzial die Kandidaten aufweisen, ggf. eine Unterforderung vorliegt etc. Vor diesem Hintergrund lauten typische Fragen bei prinzipiell geeigneten Kandidaten z. B.: „Welchen Aufwand müssen wir betreiben, um die Entwicklungsfelder aufzuarbeiten?" oder „Ist der spezifische, in der Persönlichkeit des Kandidaten liegende Schwachpunkt durch Coaching hinreichend zu kompensieren?" Gerade zu diesen Fragen liefert

12

der Einsatz geeigneter Persönlichkeitstests, verbunden mit strukturierten, biografischen Interviewsequenzen sehr häufig aufschlussreiche Informationen.

1.6 Weitere Ziele beim Einsatz persönlichkeitsorientierter Fragebogen

Ein häufiger Beweggrund für den Einsatz von Testverfahren ist die Objektivierung der Eindrücke – die Beteiligten möchten unabhängiger von ihren subjektiven Einschätzungen werden. Ein weiterer, häufig anzutreffender Grund sind ökonomische Aspekte, meist die konkrete Zeitersparnis. Es ist immer wieder die Erfahrung zu machen, dass Führungskräfte in Entscheidungssituationen hier das übliche Vorgehen der Zeitminimierung anwenden, um das Thema abschließen zu können. Gleichwohl lassen sie sich aber durchaus von guten Argumenten überzeugen, den erforderlichen Zeitbedarf einzuräumen. Hier ist insbesondere eine stringente, durchdachte Argumentation vonnöten.

Ein weiterer Beweggrund ist, dass man Qualifikationen auch im Persönlichkeitsbereich quantifizierbar, d. h. zahlenmäßig erfassen möchte, z. B. um sie in Systeme einzuspeisen oder Portfolios und Vergleiche zu erstellen. Dies ist durchaus möglich, solange grundlegende Prinzipien eingehalten werden und allen Beteiligten bewusst ist, welchen Charakter die Zahlenwerte haben (sie sollten Ergebnis von Vergleichsprozessen sein; hohe Ausprägungen sollten nicht zwingend als positiv, niedrige Ausprägungen nicht zwingend als negativ eingeordnet werden). Sie zeigen das Selbstbild, welches erstens mit dem Fremdbild verglichen werden muss, und sich zweitens auch noch verändern kann (z. B. durch Weiterentwicklung und neue Erfahrungen). Außerdem sollten genügend qualitative Eindrücke ergänzend neben den Zahlenwerten stehen, um die Eindrücke zu vervollständigen.

Auch Aspekte des Personalmarketing oder zunehmender Wettbewerbsdruck sind durchaus Motive, persönlichkeitsorientierte Testverfahren einzusetzen. Gerade die soziale Validität der Situation, also die Akzeptanz durch die Teilnehmer, ist für viele Entscheider wichtig. Meist steht dabei im Vordergrund, kompetente Kandidaten (intern wie extern) nicht zu verprellen. Nicht selten wird dann die Entscheidung getroffen, die Betreffenden nicht wirklich zu fordern, sondern ihnen nur wenig zuzumuten. Auf diese Weise leidet dann die Entscheidungsgrundlage und deren Qualität zu Gunsten einer vermeintlich angenehmeren Atmosphäre. Entscheider, die so vorgehen, sollten sich bewusst machen, dass es sich hierbei um Vermeidungsverhalten und Negativ-Ziele handelt (Ich will nicht, dass …/Ich will weg von …). Hier sei daran erinnert, dass sich Erfolge in der Regel nur auf Basis von konstruktiv formulierten Positiv-Zielen erreichen lassen (ich will erreichen, dass …/ Ich will hin zu …). Ein weiterer Aspekt für den Einsatz von quantitativen

Fragebogenergebnissen ist der Wunsch, im Rahmen von Befragungs- und Feedbackprozessen Ergebnisse direkt vergleichbar zu machen. Hierbei werden dann z. T. Differenzen (Deltas) als Messgrößen verwendet, ähnlich wie dies bei Soll-Ist-Diskrepanzen angesichts von Prozessen und Produkten der Fall ist. Dieses Vorgehen ist grundsätzlich möglich, um für die Beteiligten die vorhandene Komplexität zu reduzieren und eine bessere Übersicht zu gewinnen. Man darf im Verlauf des Prozesses allerdings nicht übersehen, dass die Komplexität natürlich in der Realität unverändert gegeben ist. Konkret bedeutet dies, dass man z. B. bei Interventionen letztlich erneut die gesamte Komplexität zu berücksichtigen hat, also die beteiligten Personen und deren Umfeld in die Gesamtschau nehmen muss. Hier liegt ein bedeutsamer Unterschied zur Steuerung von Prozessen, bei der man durchaus mit Erfolg an einzelnen „Schräubchen" drehen kann. Im Bereich der Persönlichkeit lässt sich nicht so eindimensional und isoliert steuern, wie die zahlreichen bekanntermaßen erfolglosen Trainingsmaßnahmen belegen (Bsp.: „Mein Mitarbeiter wirkt auf mich wenig motiviert, also buche ich für ihn eine Verhaltensänderung und schicke ihn zum Motivationstraining, damit er anschließend wieder engagiert seiner Tätigkeit nachkommt").

Feedback-Kultur Implizite oder auch durchaus explizite Ziele können zudem sein, die allgemeine Feedback-Kultur, die Art des Umgangs miteinander in einer Organisation, durch den Einsatz von psychologischen Fragebogenverfahren zu fördern. Außerdem wird häufig angestrebt, dass die Teilnehmer ein

---

Mögliche Leitfragen zur beruflichen Beziehungsklärung

- Wie offen bin ich überhaupt für persönliche/persönlichkeitsbezogene Rückmeldungen?
- Wie sehe ich mich im Abgleich mit den anderen?
- Wie möchte ich sein? Was denke ich, wie die Organisation/mein Vorgesetzter möchte, dass ich sein soll?
- Wie sehe ich den/die anderen?
- Wie sehen die anderen mich?
- Wie verändert sich meine Selbsteinschätzung durch die Rückmeldung der anderen?
- Was lerne ich in diesem Prozess über meinen Umgang mit mir selbst (wie offen bin ich z. B. für Reflektion/Austausch)?
- Was lerne ich in diesem Prozess über meinen Umgang mit Dritten (z. B. wie geduldig ich mit anderen bin)?
- Was lerne ich in diesem Prozess über meine Art, anderen Feedback zu geben (z. B. methodisch, in meiner Gesprächsführung)?
- Wie verändern sich gegenseitige Sichtweisen im Rahmen von Teamentwicklungsprozessen (bzw. wie entwickeln sie sich weiter)?

realistischeres Selbstbild gewinnen. Eine weit gehend realistische Selbsteinschätzung ist gemeinhin als Bestandteil einer reifen, „gesunden" Persönlichkeitsentwicklung akzeptiert. In diesem Zusammenhang ist als Zielsetzung auch die Unterstützung von Selbstcoaching-Ansätzen zu nennen.

Weiteres Ziel ist etwa, z. B. im Rahmen von Trainings, den Persönlichkeitstest als Instrument zur beruflichen Beziehungsklärung einzusetzen. Die gegenseitige Rückmeldung der Ergebnisse ist bei bestehenden (z. B. konfliktbehafteten) oder auch neu gebildeten Teams dann wenig anderes als ein systematischer Beziehungsklärungsprozess. Die Teilnehmer lernen dabei zugleich auf der Metaebene, wie ein solcher Prozess ablaufen kann bzw. sollte. Hierbei können z. B. die nebenstehenden Leitfragen geklärt werden. (Eine vergleichende Übersicht über inhaltliche Zielsetzungen beim Einsatz von Persönlichkeitstests findet sich in Tab. 23 auf S. 94/95).

Berufliche Beziehungsklärung

2   Modelle

Beim Einsatz von Persönlichkeitstest wird häufig außer Acht gelassen, dass die Ergebnisse nach Ansicht der Testautoren eine sehr unterschiedliche Bedeutung aufweisen können. Auch sind die zu Grunde liegenden Theorien in unterschiedlichem Umfang empirisch bewährt. Während einige Testverfahren ausdrücklich auf wissenschaftlich abgesicherte Persönlichkeitsdispositionen zurückgreifen, basieren andere Tests auf empirisch bislang nicht zu erhärtenden Theorien. Als Basis zur Bewertung der vorgestellten Testverfahren ist es daher günstig, ein grundlegendes Verständnis der verschiedenen Ansätze zur Erfassung der Persönlichkeit einschließlich der damit verknüpften Theorien zu entwickeln. Die folgende Darstellung kann dies natürlich nur in ersten Ansätzen leisten. Sie orientiert sich an der anschaulichen Aufbereitung des Themas bei Asendorpf (2004), die zur vertieften Lektüre auch für Nicht-Psychologen zu empfehlen ist.

Verständnis der Konzepte erleichtert die Testauswahl

2.1   Zum Paradigma von Persönlichkeitseigenschaften

Dieser Ansatz entwickelte sich zu Beginn des 20. Jahrhunderts aus dem Alltagsverständnis der Persönlichkeit. Er versucht, das Erleben und Verständnis von Eigenschaften der Persönlichkeit präziser zu fassen und empirisch, also erfahrungswissenschaftlich untersuchbar zu machen. Der Ansatz hat die Persönlichkeitspsychologie und sicherlich auch die populärwissenschaftliche Behandlung von Persönlichkeitsmerkmalen bis heute dominiert.

1. Ziele des Eigenschaftsparadigmas

Die individuellen Besonderheiten von Menschen sollen durch ihre Eigenschaften beschrieben werden. Die Persönlichkeit wird als geordnete Gesamtheit all dieser Eigenschaften verstanden.

2. Ansatzpunkte und grundlegende Annahmen

Das Verhalten von Menschen ist eine Reaktion auf Situationen; diese individuellen Reaktionen können sehr vielschichtig und komplex sein. Im Fokus des Interesses steht, mit welchem Verhalten eine Person auf verschiedene Situationen reagiert. Das spezifische Verhalten der Person wird, neben Situationseinflüssen, durch ihre Eigenschaften erklärt. Dazu ist es nicht erforderlich, dass das Individuum stets gleich reagiert, sondern es reicht aus, dass in definierten Situationen eine bestimmte Verhaltenstendenz gezeigt wird (z. B. die Neigung zu aggressivem Verhalten).

Von einer stabilen Eigenschaft wird alltagspsychologisch dann gesprochen, wenn von einer Person auf ähnliche Situationen häufig in bestimmter, vergleichbarer Weise reagiert wurde. Aus wissenschaftlicher Perspektive spricht man erst dann von einer stabilen Eigenschaft, wenn mehrere Reaktionsformen (z. B. Gestik, Mimik) über verschiedene Situationen hinweg vergleichbar gezeigt wurden. Eigenschaften werden als zumindest mittelfristig relativ stabil verstanden. Langfristige Veränderungen werden als durchaus möglich angesehen, u. a. bedingt durch kritische Lebensereignisse (wie z. B. Krankheit, Tod, Arbeitsplatzverlust u. Ä.). Vielfach wird vermutet, dass Eigenschaften eine neuro-physiologische Grundlage haben bzw. haben können. Inwieweit eine Eigenschaft bei einer Person mehr oder weniger ausgeprägt ist, kann erst durch den Vergleich mit anderen (ähnlichen) Personen für eine quantitative Beschreibung erschlossen werden.

3. Quantitative Bewertung von Eigenschaften

Die Bewertung einer Eigenschaft ist im obigen Sinne möglich, indem das Verhalten einer Einzelperson in verschiedenen Situationen genau beschrieben wird (der so genannte Individuumszentrierte Ansatz). Inwieweit bestimmte Reaktionen allerdings auf mehr oder weniger stark ausgeprägte Eigenschaften zurückzuführen sind, ist erst dann beurteilbar, wenn ein Vergleich zu anderen (ähnlichen) Personen gezogen wird. Von besonderer Bedeutung für das Ergebnis ist hierbei die Wahl einer geeigneten Vergleichsgruppe. Dieser Aspekt wird bei der Einschätzung der Objektivität von Persönlichkeitstests erneut relevant (vgl. Kap. 3.1.5; auch hier ist das Ergebnis eines Teilnehmers erst dann sinnvoll interpretierbar, wenn eine geeignete Vergleichsgruppe herangezogen wird). Der Vergleich von Personen veränderte den Blickwinkel in der psychologischen Forschung. Fokus der so genannten differenziellen Psychologie ist, wie bestimmte Eigenschaften, die alle Personen besitzen, individuell unterschiedlich ausgeprägt sind. Ähnlich könnte in der Praxis ein Personalleiter daran interessiert sein, wie gegenwärtig das Leistungsmotiv in der Gruppe der Ausbildungsplatzbewerber (also Schulabgänger) verteilt ist. Das Fazit seiner Überlegungen wird vermutlich Einfluss darauf nehmen, wie er einen vergleichsweise „mäßig" ehrgeizigen Bewerber beurteilen wird.

4. Untersuchungen zur Stabilität von Eigenschaften

Die Konstanz einer Eigenschaft kann untersucht werden, indem diese zu verschiedenen Zeitpunkten wiederholt erfasst wird. Auch hier wird in der differenziellen Psychologie weniger der Einzelfall betrachtet, sondern ausschlaggebend für gewonnene Forschungsaussagen ist die Stabilität des Merkmals in der Population, also der betrachteten Personengruppe. Unlängst konnten Roberts und Del Vecchio (2000) in einer umfangreichen Untersuchung eine Vielzahl von Längsschnittstudien zusammenfassen. In dieser Arbeit wurden mehr als 35.000 Personen und über 3.000 Stabilitätskoeffizienten für verschiedene Altersgruppen und Persönlichkeitsmerkmale herangezogen. Die Ergebnisse zeigen, dass die Stabilität von Persönlichkeitseigenschaften in der frühen Kindheit noch relativ gering ist, und sich bis zum Alter von etwa 50 Jahren auf ein sehr hohes Niveau steigert. Der Personalleiter im Produktionsunternehmen würde analog dazu in der Praxis analysieren, wie sich das Leistungsmotiv z. B. der gewerblichen Fachkräfte über die Jahre der Beschäftigung hinweg durchschnittlich entwickelt. Daraus könnte er einen Rückschluss darauf ziehen, wie stabil diese Persönlichkeitseigenschaft ist. Beispiel: Die nach der Berufsausbildung stark leistungsmotivierten Personen sollten auch nach einigen Jahren noch stark leistungsmotiviert sein. Wichtig: Hierbei ist nicht das Zutreffen im Einzelfall ausschlaggebend, sondern das Zutreffen in der Gesamtgruppe der gewerblichen Fachkräfte. Auf der Ebene einzelner Personen bedeutet Stabilität die Beständigkeit eines Persönlichkeitsprofils. Hier wird erwartet, dass Merkmale mittelfristig relativ konstant sein sollten (mit den o. g. Einschränkungen, z. B. in Folge kritischer Lebensereignisse).

Ab dem Erwachsenenalter sind Eigenschaften ausgesprochen stabil

Es liegt auf der Hand, dass in der betrieblichen Praxis ein Unterschied zur wissenschaftlichen Psychologie besteht: Die empirisch-wissenschaftliche Forschung erhebt den Anspruch, ihre Erkenntnisse mit definierten Methoden exakt und reproduzierbar zu ermitteln. Vor diesem Hintergrund ist es ein besonderer Vorteil, wenn sich Testverfahren, die Persönlichkeitsdimensionen ermitteln sollen, auf vorliegende empirisch-wissenschaftliche Untersuchungen stützen können. Solche abgesicherten Verfahren liefern dem Anwender deutlich mehr, als die rein alltagspsychologische Behauptung, eine bestimmte „Eigenschaft" wäre „wichtig im Berufsleben". Wie der geneigte Leser erkennt, kann er bei der Testauswahl folgende Belege einfordern:

17

– Wie ist diese Eigenschaft in der Gruppe der Berufstätigen verteilt?
– Welche Belege gibt es für die Stabilität dieser Eigenschaft (Stabilität des Merkmals in der Gruppe)?
– Welche Belege gibt es für die individuelle Stabilität (individuelle Stabilität der Profile)?

Wie sich im Folgenden zeigen wird, lässt sich an genau diesen und weiteren Angaben die nachweisbare Qualität eines Persönlichkeitstests festmachen (vgl. Kap. 3.1.5 zu den Testgütekriterien).

5. Einfluss von Person und Situation auf das Verhalten

Zusammenwirkung von Person und Situation

Eine vorübergehende Krise erlebte die Forschung zum Eigenschaftsparadigma ab Ende der 1960er Jahre, als vielbeachtete Veröffentlichungen (Mischel, 1968, 1977) darauf hindeuteten, Verhalten sei vor allem durch die jeweilige Situation bedingt und der Einfluss der Persönlichkeitseigenschaften demzufolge lediglich gering. Diese Diskussion gilt mittlerweile als beendet. Die unterschiedlich starken Einflüsse von Situation und Person auf das Verhalten wurden im so genannten dynamischen Interaktionismus (Magnusson, 1990) aufgelöst. Heute wird vielfach davon ausgegangen, dass auch die Auswahl der Situationen selbst durch die Eigenschaften der Person determiniert sind. Damit wird auch der Einfluss berücksichtigt, den das Verhalten und damit die Persönlichkeitsstruktur eines Menschen auf Auswahl und Gestaltung von Situationen hat. Diese Aspekte werden in der folgenden Abbildung 6 deutlich. Das Beispiel zeigt die Wechselwirkungen zwischen Person und Situation anhand eines Unternehmers, der sich in einem Wirtschaftsverband engagiert. Durch das Zusammenspiel und die wechselseitige Beeinflussung der Verbandssituation mit der Persönlichkeit des Unternehmers ergibt sich insgesamt ein bestimmter Erfolg, den die Person in ihrer Rolle als Verbandsmitglied erreicht.

6. Methoden zur Erfassung von Eigenschaften

Alle nachfolgend geschilderten wissenschaftlichen Methoden können prinzipiell für Selbst-, aber natürlich auch für Fremdeinschätzungen herangezogen werden. Sie sind aufgeführt nach zunehmender Qualität bzw. Präzision der wissenschaftlichen Methodik.

7. Freie verbale Beschreibung

Eine im Berufskontext auch gemäß dem Alltagsverständnis vermutlich häufig gewählte Methode ist die freie verbale Beschreibung. Sie kommt etwa zum Tragen, wenn eine Person ihre Biografie berichtet und dabei Ableitungen über ihre Persönlichkeitseigenschaften vorgenommen werden (Bsp.: Bewerbergespräch).

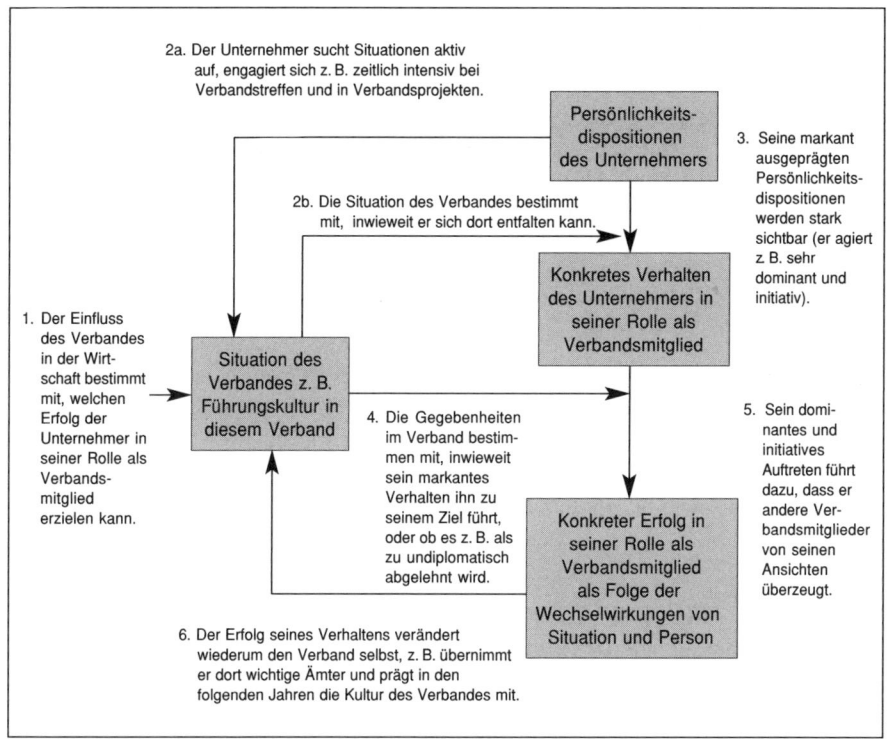

Abbildung 6:
Bedingtheit des Management-Erfolges durch Person und Situation anhand des Beispiels eines in einem Wirtschaftsverband aktiven Managers (modifiziert nach Sarges, 2000a, S. 4)

8. Zuordnung von Eigenschaftsbegriffen

Da der Begriff des Messens in der Psychologie meist mit quantitativen Bewertungen verbunden ist, beruhen die methodisch präziseren Vorgehensweisen auf der Zuordnung von Zahlen zu Eigenschaftsbegriffen. Bei der so genannten „Q-Sort"-Methode (Stephenson, 1935) wird eine gemischte Menge von Eigenschaftsbeschreibungen vorgegeben, die nach dem Ausmaß des Zutreffens sortiert werden sollen. (Beispielaufgabe: Individuelle Zuordnung von 20 Adjektiven, z. B. „dominant", „belastbar", zu den Stufen: 1. „trifft gar nicht zu", Stufe 2. „trifft etwas zu", Stufe 3. „trifft stark zu", Stufe 4. „trifft voll und ganz zu").

9. Bewertung auf Skalen

Diese Methodik findet sich in den meisten Persönlichkeitsfragebogen. Es sollen Eigenschaften oder Aussagen auf einer mehrstufigen Skala nach dem Zutreffen auf die eigene Person bewertet werden. Soweit mehrere Einzel-

19

aussagen bewertet werden, werden diese später häufig zu nur einem Merkmalswert zusammengerechnet. Je nach Beantwortung ergibt sich ein mehr oder weniger stark ausgeprägtes Eigenschaftsmerkmal (Bsp.: Fünf unterschiedliche Einzelfragen zur Extraversion werden zu einem Gesamtwert „Extraversion" verrechnet). Gleichwohl erlaubt dieses Vorgehen noch nicht die Interpretation eines Ergebniswertes, solange keine Werte anderer Personen zum Vergleich herangezogen werden können.

10. Bewertung auf Skalen und anschließende Standardisierung

Der errechnete individuelle Gesamtwert der jeweiligen Eigenschaft wird mit den Werten verglichen, die andere Personen aus einer geeigneten Vergleichsgruppe erzielt haben. Aus diesem Vergleich ergibt sich die relative Position innerhalb der gewählten Referenzgruppe. Erst dieses Vorgehen erlaubt die fundierte Interpretation der ermittelten Eigenschaftsausprägungen.

11. Die Anzahl grundlegender Persönlichkeitsfaktoren und das Big-Five-Modell

Fünf basale Persönlichkeitseigenschaften

Ein langjähriger zentraler Diskussionspunkt der psychologischen Forschung zur Persönlichkeit ist die Bestimmung der Anzahl basaler Eigenschaften. Die jeweilige Meinungsbildung hängt dabei durchaus auch mit den gewählten Erhebungsmethoden zusammen. Bestimmung der Persönlichkeitsfaktoren mit statistischen Mitteln (Faktorenanalyse): Diese Vorgehensweise hat eine jahrzehntelange Tradition und ist in der Forschung besonders häufig anzutreffen. Ausgangspunkt ist dabei der Persönlichkeitsbereich, der erfasst werden soll (z. B. auch klinisch-psychologische Dimensionen oder nur Eigenschaften im Bereich der „normalen" Erlebens und Verhaltens). Bei dieser Herangehensweise werden möglichst viele Eigenschaftsbegriffe zusammengetragen und von Versuchspersonen bewertet. Aus diesen Bewertungen werden mit statistischen Mitteln dahinter liegende, voneinander möglichst unabhängige Persönlichkeitsfaktoren abgeleitet. Die hierbei ausgewählten Faktoren bilden dann die Persönlichkeitsdimensionen, auf denen das Testverfahren aufbaut. Dieser klassische Weg der Persönlichkeitsklassifikation hat u. a. zur Entwicklung des bekannten 16-Persönlichkeits-Faktoren-Test (16 PF-R; Schneewind & Graf, 1998, vgl. Kap. 3.2.1) geführt.

In den 1980er Jahren entwickelte sich ebenfalls auf diesem Wege das in der Forschung nunmehr weit gehend akzeptierte Modell der „Big Five", also fünf der basalen Persönlichkeitseigenschaften. Diese zeigen sich in zahlreichen faktorenanalytischen Untersuchungen, und weisen länderübergreifend ähnliche Bedeutungsinhalte auf. Selbstverständlich ist auch diese

Konzeption nicht unwidersprochen geblieben. So werden z. B. Erweiterungen um das Konstrukt Risikobereitschaft vorgeschlagen (vgl. Andresen, 1995) oder sogar davor gewarnt, bei der Fünf-Faktoren-Struktur stehenzubleiben (s. Cattell, 1995). Die Tabelle 2 zeigt die fünf Persönlichkeitsfaktoren, die zwischenzeitlich zu einem Orientierungsrahmen auch für viele Persönlichkeitstests geworden sind (z. B. NEO-FFI, Borkenau & Ostendorf, 1993 oder NEO-PI-R, Ostendorf & Angleitner, 2004). So versuchen Autoren, im Rahmen ihrer Testentwicklungen einen Bezug zu den Inhalten der Big-Five herzustellen. Zudem wird bei Studien zur Bedeutung von Persönlichkeitseigenschaften für beruflichen Erfolg mittlerweile häufig auf die Big-Five Bezug genommen (vgl. Kap. 4.4).

Tabelle 2:

Die Big-Five Persönlichkeitsfaktoren und zugeordnete Bedeutungsinhalte

Deutsche Bezeichnungen	Englischsprachige Bezeichnungen	Beispielhafte Bedeutungsinhalte	
– **Neurotizismus** – Emotionale Instabilität	– Neuroticism – Emotional Instability	– Nervosität – Ängstlichkeit – Reizbarkeit	– Verlegenheit – Unsicherheit – Besorgtheit
– **Extraversion**	– Extraversion – Surgency	– Geselligkeit – Frohsinn – Impulsivität	– Gesprächigkeit – Aktivität – Dominanz
– **Offenheit für Erfahrungen** – Kultur – Intellekt	– Openness to experience – Culture – Intellect	– Gebildetheit – Kreativität – Kultiviertheit	– Vielseitigkeit – Aufgeschlossenheit – Originalität
– **Verträglichkeit** – Sozialität – Liebenswürdigkeit	– Agreeableness	– Wärme – Hilfsbereitschaft – Toleranz	– Freundlichkeit – Bescheidenheit – Kooperation
– **Gewissen-haftigkeit**	– Conscientiousness	– Sorgfalt – Beharrlichkeit – Zuverlässigkeit	– Selbstdisziplin – Verantwortungs-bewusstsein

Auf dem Eigenschaftsparadigma basieren nahezu alle der in diesem Band vorgestellten Testverfahren: 16-Persönlichkeits-Faktoren-Test (16 PF-R, Schneewind & Graf, 1998); NEO-Fünf-Faktoren-Inventar (NEO-FFI, Borkenau & Ostendorf, 1993); NEO-Persönlichkeitsinventar nach Costa und McCrae (NEO-PI-R, Ostendorf & Angleitner, 2004); Bochumer Inventar zur berufsbezogenen Persönlichkeitsbeschreibung (BIP, Hossiep & Paschen, 2003); DISG-Persönlichkeitsprofil (Gay, 2003); Leistungsmotivationsinventar (LMI, Schuler & Prochaska, 2001); pro facts (Etzel & Küppers, 2000).

> **Chancen und Grenzen bei der Anwendung von Methoden und Erkenntnissen des Eigenschaftsparadigmas im Personalmanagement**
>
> - Nah am Alltagsverständnis von Persönlichkeitseigenschaften, vielfältige Berührungspunkte erleichtern die Kommunikation
> - Erlaubt es dem Personalmanager, auf breit untersuchte und wissenschaftlich abgesicherte Persönlichkeitsdimensionen zuzugreifen, deren Bedeutung für das Berufsleben nachgewiesen ist
> - Konnte eine Reihe von übergreifenden, grundlegenden Persönlichkeitsdimensionen identifizieren (die Big-Five, die mit den NEO-FFI bzw. dem NEO-PI-R erfasst werden, vgl. Kap. 3.2.3)
> - Konnte die Bedeutung bestimmter Persönlichkeitsdimensionen für den Beruferfolg nachweisen (vgl. Kap. 4.3)
> - Konnte die Stabilität von Merkmalsprofilen über mehrere Jahre nachweisen und damit Belege für die Stabilität bestimmter Persönlichkeitseigenschaften liefern
> - Ermöglicht über den Einsatz von Persönlichkeitsfragebogen eine umfassende Persönlichkeitsbeschreibung in ökonomischer Form
> - Ermöglicht den objektivierten Vergleich von Personen durch den Einsatz geeigneter Vergleichsgruppen (im Gegensatz zum alltagspsychologischen „Bauchgefühl")
> - Erlaubt nur eingeschränkt die differenzierte Einzelfallbeschreibung – wird darum in der Personalpraxis meist methodisch ergänzt um individuumsbezogene Methoden (z. B. Interview)
> - Herausforderung für die Forschung ist es, die langfristige Stabilität von Persönlichkeitseigenschaften zu belegen, indem entsprechende Untersuchungen unternommen werden. Hier sind insbesondere aufwändige, langjährige Längsschnittstudien naturgemäß eher selten

2.2 Der tiefenpsychologische Ansatz

Grundlegendes zur Theorie

Ähnlich wie das Eigenschaftsparadigma entwickelte sich dieser Ansatz zu Beginn des 20. Jahrhunderts. Er geht auf die Arbeiten Sigmund Freuds zurück (z. B. Freud, 1952–1968). Das sehr komplexe theoretische Gebäude, das im Laufe der Zeit vielfältigen Veränderungen unterlag, kann an dieser Stelle nur in Ansätzen dargestellt werden (vgl. z. B. Amelang & Bartussek, 2001 oder Asendorpf, 2004 zur weiterführenden Lektüre, die die Psychoanalyse neben anderen Persönlichkeitstheorien darstellen). Darüber hinaus findet sich dort eine kurze Abhandlung zu den Grundannahmen Carl Gustav Jungs, der zunächst mit Freud zusammenarbeitete, um später seine eigene Theorie (die sog. Analytische Psychologie) zu entwickeln. Der in diesem Band vorgestellte Myers-Briggs-Typenindikator (MBTI, Bents & Blank, 1995) basiert auf den Annahmen von Jung.

Für viele Menschen ist der Begriff Psychologie zuvorderst und überwiegend mit den Theorien Freuds verknüpft. Dies mag auch damit zusammenhängen, dass Psychologie im Alltagsverständnis vielfach zuerst mit den „Fehlfunktionen" der menschlichen Psyche in Verbindung gebracht wird, während sich die wissenschaftliche Psychologie in weiten Teilen mit den Grundlagen des gewöhnlichen, unbeeinträchtigten menschlichen Erlebens und Verhaltens beschäftigt. In der Wissenschaft stellt die Psychoanalyse dementsprechend nur eine von vielen Theorien dar. Sie ist zwar auf theoretischem und auch gesellschaftlichem Gebiet sehr einflussreich gewesen, aber durch empirische Forschung haben sich zahlreiche ihrer Annahmen als nicht haltbar erwiesen.

1. Ziele des psychoanalytischen Paradigmas

Primäres Ziel des psychoanalytischen bzw. tiefenpsychologischen Paradigmas ist – neben dem Forschungsinteresse – die Behandlung von psychischen Erkrankungen. Hierzu ist ein Erklärungsmodell erforderlich, das dem Therapeuten ermöglicht, die Symptome der Patienten richtig einzuordnen und zielgerichtet darauf zu reagieren.

2. Grundlegende Annahmen der Psychoanalyse nach Sigmund Freud

Trotz vielfältiger Wandlungen der psychoanalytischen Theorie haben sich die grundlegenden Annahmen zur Natur des Menschen nicht geändert. Der Mensch wird als „System" verstanden und der Fluss von Energie als Ursprung der menschlichen Aktivitäten gesehen. Angeborene Triebe sind Quelle dieser Energie, zu diesen zählen vor allem der Sexualtrieb und der Todes-/Aggressionstrieb. Verhalten ist nach Freud dadurch determiniert, dass es der Entladung der Triebenergien dient. Dies kann auf bewusste, direkte Weise geschehen (z. B. Sexualität) oder auch durch „Umwandlung" in andere Verhaltensformen. Diese Umwandlung kann z. B. stattfinden, wenn eine direkte Triebbefriedigung nicht möglich ist. Dabei kann häufig der Fall auftreten, dass der Person die Ursache ihres eigenen Verhaltens nicht bewusst wird. Auf welche Weise die Triebbefriedigung erfolgt, wird von verschiedenen Persönlichkeitsinstanzen reguliert: Dem Es, Ich und Über-Ich.

Das Es umfasst die „(...) psychische Repräsentation der gesamten Triebenergie. (...) Ein weiterer wichtiger Inhalt des Es sind vom Ich ins Unbewusste verdrängte, früher bewusste Wünsche, Vorstellungen, Erinnerungen und Affekte (...)." (Amelang & Bartussek, 2001, S. 411 f.). Das Es reguliert die Triebbefriedigung des Menschen und hat damit die Aufgabe, Triebspannung abzubauen. Es besteht von der Geburt des Menschen an und verliert als Persönlichkeitsinstanz mit zunehmender Entwicklung an

Bedeutung. Das Ich entwickelt sich aus dem Es, durch Verarbeitung von Sinnesreizen. Seine Aufgaben sind Wahrnehmung, Denken, Erinnern und Fühlen. In der Theorie Freuds hat es eine vermittelnde Funktion zwischen Es und Über-Ich. Das Über-Ich entwickelt sich ebenfalls aus dem Es und hat zwei Anteile: Das Gewissen, welches eine versagende und strafende Instanz darstellt, sowie das Ich-Ideal, welches sich an Vorbildern orientiert, etwa den Eltern. Der dynamische Anteil von Freuds Persönlichkeitstheorie besteht darin, dass ein ständiger Konflikt zwischen dem lustorientierten Es, dem realitätsorientierten Ich und dem Über-Ich angenommen wird. Je nach bisheriger (z. B. frühkindlicher) Entwicklung der Person und ihrer Ausprägung der drei Persönlichkeitsinstanzen ergeben sich unterschiedliche Verhaltens- und Erlebensweisen. Kennzeichnend für Freud ist die enge Verknüpfung dieser Annahmen mit der menschlichen Sexualität. Hierin unterscheidet er sich von Carl Gustav Jung, der unter anderem von 1910 bis 1914, dem Jahr des Abbruchs ihrer Beziehungen, Präsident der von Freud ins Leben gerufenen Psychoanalytischen Gesellschaft war.

3. Unterschiede zur Analytischen Psychologie Carl Gustav Jungs

Abgrenzung zu C. G. Jung Einer der grundlegenden Unterschiede zu Freud wird von Hall & Lindzey (1978) wie folgt beschrieben: „Für Freud existiert nur eine endlose Wiederholung der Triebproblematik, bis eines Tages der Tod dazwischentritt. Für Jung gibt es eine beständige und oftmals auch schöpferische Entwicklung, die Suche nach Ganzheit und Vollkommenheit und eine Sehnsucht nach Wiedergeburt. (…) Der Mensch wird mit vielen Prädispositionen geboren, die ihm von seinen Vorfahren vermacht wurden; diese Prädispositionen leiten sein Verhalten und bestimmen mit, wessen er bewusst und worauf er reagieren wird" (S. 100). Auch Jung versteht die Persönlichkeit als Gebilde aus miteinander in Wechselwirkung stehenden Systemen, wie die folgende Abbildung 7 zeigt. Das kollektive Unbewusste ist dabei eine Besonderheit der Theorie Jungs. Er betrachtet es als so einflussreiches Persönlichkeitssystem, dass es andere Instanzen der Persönlichkeit (z. B. das Ich) überlagern kann.

Jung selbst beschrieb zu den vier Funktionen: „Die Empfindung stellt fest, was tatsächlich vorhanden ist, das Denken ermöglicht uns zu erkennen, was das Vorhandene bedeutet, das Gefühl, was es wert ist, und die Intuition schließlich weist auf die Möglichkeiten des Woher und Wohin, die im gegenwärtig Vorhandenen liegen" (Hall & Lindzey, 1978, S. 110). Die o. g. Einstellungen und Funktionen werden alle als in der Person liegend angenommen. Meist soll jedoch eine Einstellung bzw. Funktion dominant sein. Die Integration und Entwicklung der anderen Einstellungen und Funktionen ist nach der Jung'schen Theorie ein Entwicklungsziel für das Indivi-

24

Das Ich: Enthält die bewussten Wahrnehmungen, Erinnerungen, Gedanken, Gefühle

Das persönliche Unbewusste: Enthält zuvor bewusste Erfahrungen, die vergessen, ignoriert oder z. B. unterdrückt wurden

Das kollektive Unbewusste: Enthält „verborgene Erinnerungsspuren", die das Individuum aus der menschlichen Entwicklungsgeschichte geerbt hat. Das Artgedächtnis bedeutet „die Möglichkeit, Erfahrungen vergangener Generationen wieder lebendig werden zu lassen", es sind quasi Prädispositionen für bestimmte Wahrnehmungen oder Verhaltensweisen (Bsp.: Furcht vor Dunkelheit, Furcht vor Schlangen)

Die Persona: Sie ist „die Rolle, die ihm von der Gesellschaft zugeteilt wird, d. h. jene, die zu spielen man von ihm erwartet."

Die Anima und der Animus: Enthält die feminine Seite der männlichen Persönlichkeit und die maskuline Seite der Weiblichen

Der Schatten: „(...) betreibt gleichermaßen das (...) Erscheinen von schlechten (negativen) und sozial geächteten Gedanken, Gefühlen und Handlungen. Diese werden dann entweder durch die Persona vor der Öffentlichkeit versteckt oder in das persönliche Unbewusste verdrängt."

Das Selbst: Es wird als Mittelpunkt der Persönlichkeit und aller hier beschriebenen Systeme betrachtet.
„Das Selbst ist das Ziel des Lebens, ein Ziel, nachdem die Menschen ständig streben, das sie aber selten erreichen (...). Bevor ein Selbst entstehen kann, ist es notwendig, dass die verschiedenen Komponenten der Persönlichkeit voll entwickelt (...) werden."

Die Einstellungen: Enthalten zwei grundlegende Orientierungen der Person: 1. Extraversion (orientiert den Menschen auf die äußere Welt) bzw. 2. Introversion (orientiert den Menschen auf seine innere, subjektive Welt)

Die Funktionen: Enthalten psychologische Grundfunktionen: 1. Das Denken, mit dem die Person die Umwelt zu begreifen versucht. 2. Das Fühlen, mit dem die Person Dinge gefühlsmäßig bewertet, z.B. als positiv/negativ. 3. Das Empfinden von äußeren Sinnesreizen. 4. Die Intuition als Wahrnehmung mittels unbewusster Prozesse

Abbildung 7:
Wesentliche Systeme der Gesamtpersönlichkeit nach C. G. Jung
(in Anlehnung an Hall & Lindzey, 1978, S. 102 ff.)

duum. Auch in anderen Persönlichkeitstheorien finden sich in der Person liegende Polaritäten oder Gegensätze, die Ursache für Konflikte oder Spannungsfelder sind. Jungs Theorie ist jedoch durch die angenommene Komplexität der Persönlichkeitsstruktur gekennzeichnet. Im Gegensatz zu Freud ist die Persönlichkeit für ihn kein energetisch abgeschlossenes, sondern ein offenes System (Energieaufnahme z. B. durch Ernährung). Ziel der Persönlichkeitsentwicklung nach Jung ist die Selbst-Verwirklichung (vgl. die Bedeutung des Selbst in Abbildung 7), also die Verschmelzung und Integration aller Anteile der Persönlichkeit.

4. Wissenschaftliche Untersuchung und Absicherung der Theorie

Die von Jung beschriebenen Einstellungen „Extraversion – Introversion" konnten in den 1960er Jahren mithilfe statistischer Methoden auch im Rahmen des Eigenschaftsparadigmas als basale Persönlichkeitsdimension herausgearbeitet werden (vgl. z. B. Eysenck, 1960). Im Gegensatz zur meist erfahrungswissenschaftlich überprüfbaren Eigenschaftstheorie weisen die psychoanalytischen Theorien den Nachteil auf, dass die verwendeten Begrifflichkeiten und die vermuteten Persönlichkeitsinstanzen meist nicht experimentell überprüfbar sind. So ist es beispielsweise schwer nachzuweisen, dass eine bestimmte Verhaltensweise auf Grund eines innerpsychischen Verdrängungs- bzw. Unterdrückungsprozesses zu Stande gekommen ist, und nicht auf Grund anderer Prozesse in der Person. Unter anderen vor diesem Hintergrund sind die tiefenpsychologischen Persönlichkeitstheorien kaum empirisch fundiert. Sie bergen darüber hinaus auf Grund der o. g. Problematik das Risiko, in zahlreichen Annahmen mit wissenschaftlicher Methodik nicht widerlegbar zu sein. Die von Freud vermuteten – und hier nicht weiter diskutierten – frühen Entwicklungsphasen des Menschen allerdings können weit gehend als nicht bestätigt angesehen werden (vgl. dazu z. B. Asendorpf, 2004).

5. Untersuchung der Stabilität von Eigenschaften

Da sowohl Freud als auch Jung in ihren Theorien vielfältige Annahmen über innerpsychische Wechselwirkungen machen, kann von einer Stabilität der beschriebenen Persönlichkeitsinstanzen nur teilweise ausgegangen werden. So ist dem MBTI (Bents & Blank, 1995) zufolge das gemessene Merkmal eine Präferenz, die variieren kann: „Auch wenn die Stärke einer Präferenz sich verändern kann, bleibt ihre Grundausrichtung statisch. (…) Die Typentheorie geht davon aus, dass der Einzelne mit einer Voreinstellung zu Gunsten bestimmter Präferenzen auf die Welt kommt" (Bents & Blank, 2003, S. 44). Die im Testmanual des MBTI berichteten Übereinstimmungskennwerte mit anderen auf der Jung'schen Theorie basierenden Verfahren sind eher gering. Darüber hinaus werden Stabilitätskennwerte angegeben, die sich im niedrigen bis mittleren Bereich bewegen. Insofern kann davon ausgegangen werden, dass die mit dem MBTI erfassten Persönlichkeitsmerkmal offenbar von mittlerer Stabilität sind.

6. Methoden zur Erfassung der Persönlichkeitsbereiche und der innerpsychischen Prozesse

Kennzeichnend für das methodische Vorgehen der tiefenpsychologischen Theorie ist im Falle Freuds die freie verbale Äußerung des Patienten in einer Behandlungssitzung und deren Dokumentation in einer Fallstudie. Jungs

Vorgehensweise umfasst darüber hinaus experimentell-orientierte Untersuchungen, Vergleichsstudien zur Mythologie und Religion sowie die Traumanalyse. In den 1960er Jahren wurden Tests zur Erfassung der Jung'schen Einstellungen und Funktionen entwickelt. Es handelt sich dabei u. a. um den in diesem Band vorgestellten Myers-Briggs-Typenindikator (MBTI, Bents & Blank, 1995), als auch um den Jungian Type Survey (JTS, Gray & Wheelwright, 1964).

Chancen und Grenzen bei der Anwendung von Methoden und Erkenntnissen des tiefenpsychologischen Ansatzes im Personalmanagement:
– Jungs Persönlichkeitstheorie spricht den Menschen in seiner Ganzheit an (z. B. auch die religiös-spirituelle Dimension) und vermittelt darüber hinaus eine Zielrichtung für die menschliche Entwicklung (Selbst-Verwirklichung durch Integration der verschiedenen Persönlichkeitsanteile). Damit bietet sie einen Sinnzusammenhang, der in bestimmten persönlichkeitsbezogenen Arbeitsprozessen erwünscht und fruchtbar sein kann.
– Grenzen treten dort zu Tage, wo z. B. in Bezug auf den Vergleich von Personen wissenschaftlich fundierte und bewährte, berufsrelevante Persönlichkeitsmerkmale herangezogen werden sollten. Diesen Anspruch können die Jung'schen Typeninventare (s. u.) weder vom Modell her, noch von Testfragen und Auswertung/Interpretation her einlösen (z. B. die meist fehlenden Vergleichsgruppen und die geringe Anzahl zu Grunde liegender Persönlichkeitsdimensionen; vgl. Kap. 3.2.2)

Auch die in Deutschland von Beratungsgesellschaften vertriebenen Typentests Insights MDI-Leadership-Check (Scheelen, 2003) sowie Insights Discovery (vgl. z.B die Darstellung bei Mühlhaus, 2000) basieren u. a. auf der Jung'schen Theorie.

2.3 Weitere Ansätze

Bei der Betrachtung der folgenden Ansätze wird deutlich, dass im interpersonalen Persönlichkeitsbereich (im Personalmanagement oft als Soziale Kompetenzen oder Soft-Skills bezeichnet) in verschiedenen Modellen ähnliche Grundmerkmale zu finden sind, auch wenn diese unterschiedliche Bezeichnungen tragen. Hierzu zählen bezüglich des Umgangs mit anderen etwa die Merkmale Überordnung-Unterordnung oder Kontaktfreude-Kontaktscheu.

Das Modell Emotionaler Reaktionen von W. M. Marston

Der amerikanische Psychologie William Moulton Marston veröffentlichte 1928 den Band „Emotions of normal people". Er unterschied darin vier Arten „normaler" emotionaler Reaktionen des Menschen. Diese emotionalen

Grundlage des DISG-Persönlichkeitsprofils

27

Reaktionen sind dabei abhängig von zwei Faktoren: 1. Wird das Umfeld, also die Situation als vertraut/freundlich/angenehm bzw. fremd/negativ/unangenehm wahrgenommen? 2. Wird die eigene Person als stärker bzw. schwächer als das Umfeld wahrgenommen? *(Übers. d. Verf.):*
- *Einflussnahme,* wenn das Umfeld als freundlich/angenehm und als schwächer als man selbst wahrgenommen wird.
- *Submission,* verstanden als Einordnung der eigenen Person in das als stärker wahrgenommene, freundlich/angenehme Umfeld
- *Dominanz,* verstanden als Antrieb, die als schwächer wahrgenommene fremde/unangenehme Umgebung zu dominieren
- *Compliance,* verstanden als Zustimmung/Unterordnung der eigenen Person unter das als stärker wahrgenommene, fremde/unangenehme Umfeld

Marston ordnete die vier emotionalen Reaktion auf zwei Achsen an: Verhalten in „angenehmen" Situationen (die als freundlich/„verbündet" wahrgenommen werden) und unangenehmen Situationen (die als fremd/negativ wahrgenommnen werden). Hieraus ergab sich das folgende Modell:

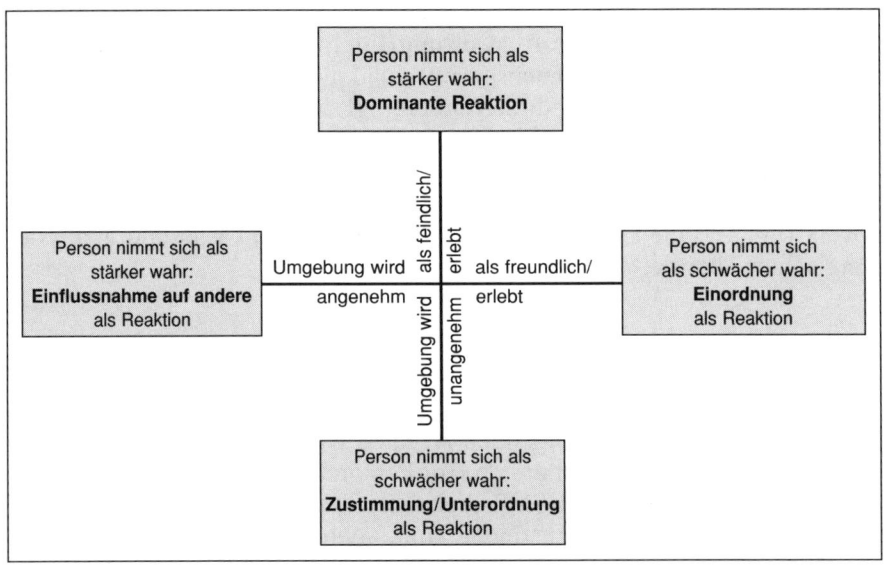

Abbildung 8:
Klassifizierung emotionaler Reaktionen nach Marston (1928; Übers. d. Verf.)

Auf dieser Basis wurde von John G. Geier in den 1960er Jahren das DISG-Persönlichkeitsprofil abgeleitet, welches das menschliche Verhalten modellhaft beschreiben soll und eine Einordnung in vier Typen (D = Dominanz, I = Initiative, S = Stetigkeit, G = Gewissenhaftigkeit) erlaubt (vgl. auch Kap. 3.2.6).

Ein Modell zur Beschreibung von Persönlichkeits-unterschieden bei Selbstbild-/Fremdbild-Abgleichen

Modelle, die auf möglichst plastische und nachvollziehbare Persönlichkeitstypen zurückgreifen, wie z. B. auch das religiös geprägte Enneagramm (Rohr & Ebert 1999) erfreuen sich großer Beliebtheit. Die Darstellung von Persönlichkeitsstruktur-Tests in Form von Profilen ist demgegenüber für den Laien bisweilen weniger anschaulich. Um einen von der Bearbeitung eines Persönlichkeitsfragebogens unabhängigen Einstieg – oder auch eine Begleitung zum gewonnenen Persönlichkeitsprofil – zu erhalten, hat sich das sog. *Circumplex-Modell* (vgl. Abb. 9) bewährt. Es handelt sich dabei um eine anschauliche Repräsentation interpersonaler Mechanismen und Persönlichkeitsstrukturen (vgl. bereits Freedman, Leary, Ossorio & Coffey,

Weitere Ansätze zur Veranschaulichung der Persönlichkeit

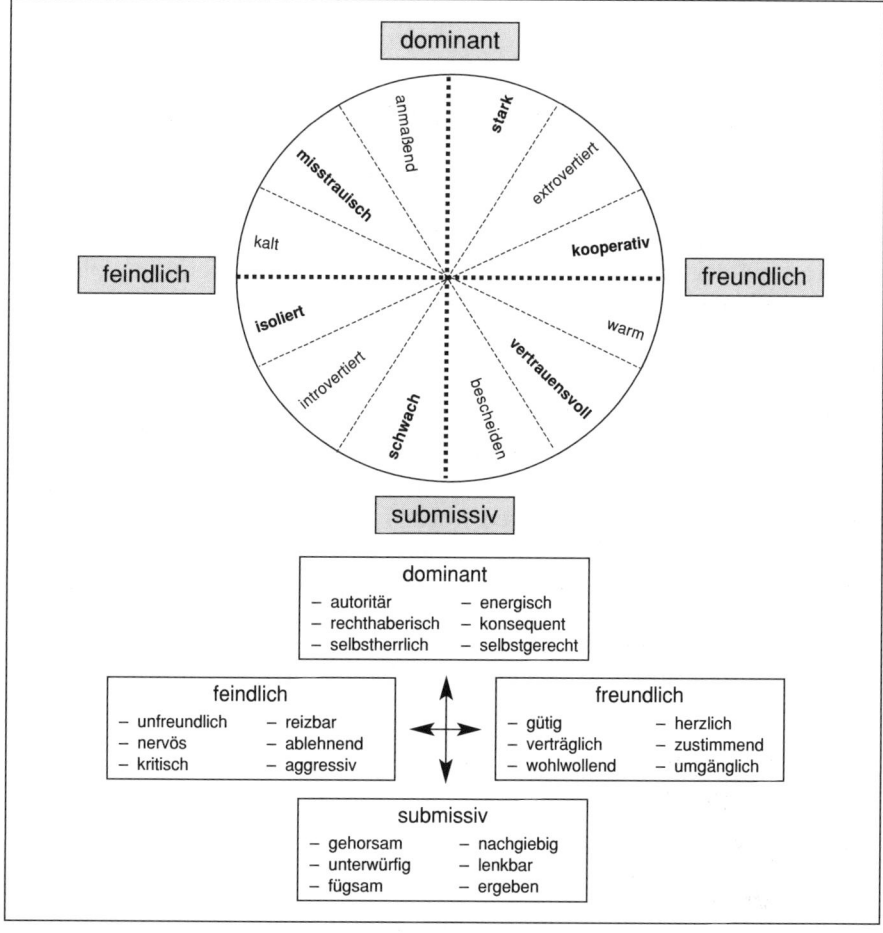

Abbildung 9:
Das Circumplex-Modell der Persönlichkeit

1951). Der Ansatz, der vor allem von Wiggins (z. B. Wiggins, Trapnell & Phillips, 1988, ein kurzer Abriss findet sich bei Asendorpf, 2004, S. 149 f.) weiterentwickelt wurde, ermöglicht die systematische „Verortung" der eigenen Person und auch die Beschreibung anderer Persönlichkeiten. Die durchaus gegebene empirische Fundierung und insbesondere die hohe Selbstevidenz des Modells ermöglichen den unterstützenden Einsatz in Beziehungsklärungsprozessen, Teamentwicklungen und Coaching-Situationen.

Abbildung 9 ist so aufgebaut, dass im oberen Teil grundlegende Persönlichkeitsmerkmale in einer bipolaren Anordnung aufgelistet sind. Zudem werden im unteren Teil der Abbildung die beiden Hauptachsen anhand von Beispielverhalten illustriert. Anwendungsbeispiel: Ein Trainer bzw. Coach bittet seinen Klienten, dessen Mitarbeiter mithilfe des dargestellten Modells zu beschreiben.

3 Analyse und Maßnahmenempfehlung

Drei wesentliche Fragen sind häufig mit dem Einsatz von Persönlichkeitstests verbunden:
– Welcher Test kommt überhaupt in Frage?
– Wie kann der Test erfolgreich im Unternehmen eingeführt und platziert werden? Wie ist die Arbeitnehmervertretung erfolgreich einzubinden?
– Wie lässt sich der Test am besten in den jeweiligen diagnostischen oder Trainings-Prozess integrieren?

Zu diesen Fragen werden im Folgenden Anhaltspunkte gegeben: Zum einen werden häufig eingesetzte Verfahren vorgestellt. Sowohl forschungsorientierte, als auch praxisorientierte Instrumente werden beschrieben und beispielhaft dargestellt. Zum anderen werden zur Einführung und zur Einbettung in den Prozess Hinweise gegeben. Die konkrete Anwendung von Testverfahren sowie der Umgang mit den Ergebnissen wird dann im folgenden Kapitel 4 behandelt. Eine weit gehend vollständige Auflistung bzw. Vorstellung von persönlichkeitsorientierten Verfahren findet sich z. B. in den zu Beginn von Kapitel 1.1 angegebenen Publikationen.

3.1 Auswahl von Verfahren für unterschiedliche Einsatzfelder

3.1.1 Persönlichkeits-Struktur-Tests

Bei den so genannten Persönlichkeits-Struktur-Tests wird auf Basis der Testfragen ein Ergebnisprofil errechnet. Dabei werden die Ausprägungen mehrerer Persönlichkeitsmerkmale abgebildet, so dass in der Regel ein grafisches Ergebnisprofil erstellt werden kann. Interpretiert werden können dann sowohl die Ausprägungen einzelner Persönlichkeitsmerkmale, als auch der gesamte Profilverlauf. So wird z. B. betrachtet, inwieweit sich widersprüchliche Ausprägungen ergeben. Die Anzahl der Dimensionen in Persönlichkeits-Struktur-Tests schwankt zwischen zwei (Eysenck-Persönlichkeits-Inventar, EPI; Eggert, 1983) und 16 beim 16-Persönlichkeits-Faktorentest (16 PF-R, vgl. Kap. 3.2.1). Mit einer größeren Anzahl an Dimensionen lässt sich die Persönlichkeit umfassend beschreiben, so dass diese Verfahren unter Kosten-/Nutzen-Gesichtspunkten oft gut dazu geeignet sind, Fremdbilder über den Teilnehmer zu ergänzen und zu komplettieren.

Hauptanliegen eines Persönlichkeits-Struktur-Tests ist die differenzierte Analyse des normierten Selbstbildes. Typische Fragestellungen zum Ergebnis eines Persönlichkeits-Struktur-Tests sind etwa (vgl. auch Karte: Checkliste zur Profilinterpretation):
– Sind die Profilausprägungen plausibel? Wo ergeben sich ggf. Widersprüche?
– Wie passen die Ergebnisse zum Fremdbild, z. B. eines Trainers, Diagnostikers, Mitarbeiters, Kollegen, Vorgesetzten?
– Welche Deckung/Differenz ergibt sich zu anderen Ergebnissen, z. B. Assessment Center-Einschätzungen oder Interview-Eindrücken?
– Wie passen die Profilausprägungen zu den Anforderungen der jeweiligen beruflichen Tätigkeit?
– Welche Chancen und Risiken für die Berufs-/Lebensgestaltung ergeben sich aus dem Ergebnisprofil?

Persönlichkeits-Struktur-Tests werden in der Personalarbeit insbesondere im vertieften Dialog als hilfreich erlebt, den adäquate Verfahren nachhaltig unterstützen können. Aus der detaillierten Besprechung der Testergebnisse (und deren Zustandekommen; vgl. Karte zur Profilinterpretation) resultieren meist eine Fülle von Themen, die im Gespräch aufgegriffen werden können, und leitend für weitere Vertiefungen sind (Bsp.: „Was hält Sie trotz Ihrer bemerkenswerten beruflichen Erfolge davon ab, sich ein höheres Selbstbewusstsein zuzubilligen?"). Insofern liegt der zunehmend erkannte Vorteil dieser Verfahren darin, die systematische Beschäftigung mit überfachlichen Aspekten des Individuums zu fördern und den Austausch hierüber (z. B. auch zwischen Teilnehmer und dessen Vorgesetztem, vgl. Kap. 5) gewinnbringend zu gestalten.

Vorteil: Systematische Beschäftigung mit überfachlichen Aspekten

Haupt-Hinderungsgrund für eine stärkere Verbreitung der Persönlichkeits-Struktur-Tests ist der bislang weitgehend fehlende Zugang von Nicht-Psychologen, an die diese Tests früher nicht geliefert wurden. Diese Praxis ist jedoch seit einigen Jahren im Umbruch. Zweiter Hinderungsgrund ist die vermeintlich unumgängliche vertiefte Beschäftigung mit den Verfahren, insbesondere für fachliche Laien. Allerdings ist in diesem letztgenannten Grund auch ein gewisser Schutz vor Scharlatanen auszumachen, die die intensive Durchdringung der komplexen Thematik scheuen.

Insgesamt eignen sich diese Verfahren besonders für folgende berufsbezogene Einsatzfelder:
– Personalauswahl- und Platzierungsprojekte
– Beratung
– Training/Coaching.

3.1.2 Typen-Tests

Wesentliche Merkmale von Typen-Tests Bei den sog. Typen-Tests wird auf Basis der Testfragen die Zugehörigkeit zu einem von mehreren Persönlichkeits-Typen errechnet. Dem Test liegen meist *wenige* Skalen mit zwei gegensätzlichen Polen zu Grunde, wie etwa Extraversion – Introversion. Während der Strukturtest in der Regel für beide Skalen beschreibt, wie stark jeweils die Ausprägung ist, reduziert der Typentest diese Informationsmenge, indem er angibt, welchem Pol die Person mit Ihren Testantworten am ähnlichsten ist. Zum Teil wird dann noch aus der mehr oder weniger starken Nähe zum Pol eine „Stärke" des jeweiligen Typus angegeben. Die Stärke, mit der dieser Pol den gegenüberliegenden überwieg, wird häufig ebenfalls angegeben. Wenn z. B. 12 Antworten dem Pol Extraversion entsprechen, und 7 Antworten dem Pol Introversion, dann ergibt sich beim MBTI (Bents & Blank, 1995) der Ergebnistyp Extraversion mit der Präferenz 5 (12 minus 7). Beim DISG-Persönlichkeitsprofil (Gay, 2003) wird darüber hinaus eine Normierung möglich, indem die resultierenden Werte für jeden Buchstaben (D-I-S-G) mit einer Referenzgruppe abgeglichen werden.

Typen-Tests basieren häufig auf psychoanalytischen Persönlichkeitstheorien, wie dies etwa beim MBTI der Fall ist. Es existieren jedoch auch Tests auf der Grundlage der Eigenschaftstheorie, wie etwa das DISG-Persönlichkeitsprofil. Zum jeweiligen Ergebnis-Typus liegen meist umfangreiche Informationen und Auswertungshilfen vor, die in der Regel eine Bewertung der Ergebnisse auch im Selbstversuch erlauben. Dabei werden teilweise in einem Zwischenschritt auch die Ausprägungen mehrerer Persönlichkeitsdimensionen abgebildet, so dass insofern auch hier eine differenziertere Betrachtung möglich ist. Es handelt sich jedoch meist um etwa 2 bis 4 Merkmale, was für eine umfassende Persönlichkeitsbeschreibung in Hinblick auf den Beruf nicht ausreichend ist. Für eine grobe Weichenstellung im Rahmen von Screenings (z. B.: Wer ist für eine Vertriebstätigkeit *nicht* geeignet?) können sie durchaus hilfreich sein – auch im Sinne mehrstufigen Testens. Interpretiert werden in der Regel lediglich die Ergebnis-Typen selbst. So wird z. B. beachtet, inwieweit sich widersprüchliche Ausprägungen ergeben. Die Typen Tests gehen in der Regel auf Modelle der Persönlichkeit zurück, die ursprünglich aus den 1930er Jahren stammen. Auch wenn Erscheinungsbild und Arbeitsmaterial der Verfahren permanent weiterentwickelt werden (z. B. Sonderfragen für Mitarbeiter im Direktvertrieb), befinden sich die zu Grunde liegenden Theorien meist nicht auf dem aktuellen Stand der wissenschaftlichen Erkenntnisse. Von daher bieten diese Verfahren mit den oben genannten Einschränkungen Einfachheit, viele anwendungsbezogene Hilfestellungen und Kontinuität.

Die besonders populären Typen-Tests (MBTI, Bents & Blank, 1995; GPOP, Golden, Bents & Blank, 2004 sowie DISG, Gay, 2003) sind durch ihre Verständlichkeit und einfache Anwendbarkeit oft griffiger und auch bekannter als die Persönlichkeits-Struktur-Tests, die über Jahrzehnte nur an Diplom-Psychologen abgegeben wurden. Sie umfassen meist relativ wenige Testfragen und sind damit schnell zu beantworten. Insgesamt bieten sie sich daher für Einsätze an, in denen die Persönlichkeitsbeschreibung nicht ausführlich und differenziert behandelt werden soll/kann, und bei denen die Einfachheit der Erläuterungen erfolgskritisch ist.

Vorteil: Einfache Struktur und Anwendbarkeit

Hauptanliegen eines Typen-Tests ist die schnelle, auf wenige Persönlichkeitsmerkmale bezogene Analyse des Selbstbildes. Typische Aussagen zum Ergebnis sind etwa:
– Welcher Ergebnis-Typ ergibt sich für den Teilnehmer? Was kennzeichnet diesen Typus?
– Wie unterscheidet sich der eigene Typus von dem der anderen?
– Welche Reaktionstendenzen zeichnen bestimmte Ergebnis-Typen aus?
– Worauf sollten Teilnehmer mit diesem Ergebnistyp in der Zusammenarbeit mit anderen Menschen achten?
– Welche Aufgaben bzw. Funktionen präferiert dieser Typ?
– Welche Entwicklungsfelder bestehen für Personen dieses Ergebnis-Typs?

Die hierzu gegebenen Hinweise, häufig in Form ausführlicher Ergebnis-Reports zum Verfahren, können allerdings in der Regel nicht direkt aus Testfragen/-antworten erschlossen werden, sondern sind auf indirektem Wege aus dem Ergebnis-Typ abgeleitet. Haupt-Hinderungsgründe für den Einsatz sind zum einen die geringe Anzahl an enthaltenen Persönlichkeitsmerkmalen für bestimmte berufsbezogene Fragestellungen (z. B. Personalauswahl). Zum anderen stützen sich die abgeleiteten Ergebnisse häufig nicht auf eine empirisch nachprüfbare Theorie, und die erfassten Merkmale reichen demzufolge oft nicht an den gegenwärtigen Stand der Persönlichkeitsforschung heran.

Insgesamt eignen sich diese Verfahren besonders für folgende berufsbezogene Einsatzfelder:
– Beratung
– Training/Coaching.

3.1.3 Objektive Persönlichkeitstests

Direkte
Ableitung von
Persönlichkeits-
merkmalen aus
dem Verhalten

So genannte Objektive Persönlichkeitstests zeichnen sich dadurch aus, dass sie nicht den methodischen Weg der Selbsteinschätzung im Fragebogen wählen, sondern sich auf beobachtbares Verhalten stützen. Aus dem beobachteten Verhalten wird dann vor dem Hintergrund der entsprechenden Normierung direkt auf die Ausprägung des interessierenden Merkmals geschlossen (vgl. Kubinger, 2003a). Der Teilnehmer bearbeitet hierbei eine Reihe von Aufgaben, an denen er das tatsächlich erfasste Persönlichkeitsmerkmal jedoch selbst möglichst nicht erkennen kann. Als Beispiel sei die Testbatterie „Arbeitshaltungen" (Kubinger & Ebenhöh, 1996) genannt. Die Testaufgaben bestehen dabei u. a. im Größenvergleich der Flächen geometrischer Figuren. „Das hierbei beobachtete Verhalten zielt auf den ‚kognitiven Stil' Reflexivität versus Impulsivität (…) ab." (Kubinger, 2003a, S. 305). Die zu vergleichenden Flächen muten oft ähnlich groß an, so dass die Antwort dem Teilnehmer schwer fallen soll, um bei entsprechend disponierten Personen zum Raten (und damit zu Fehlern) zu verleiten. Diagnostisches Ziel ist eine Einordnung des Teilnehmers auf der Polarität, „in Problemsituationen entweder langsam und fehlerarm oder schnell und fehlerfrei (zu) arbeiten" (a. a. O., S. 306). Mit dieser Einordnung verbindet das Verfahren keine positive oder negative Wertung. Diese ergibt sich im diagnostischen Prozess erst im nächsten Schritt, etwa aus dem Vergleich der Ergebnisse mit den Anforderungen einer Tätigkeit, für die der Teilnehmer sich beworben hat.

Vorteile und Grenzen objektiver Persönlichkeitstests

- Verringerung von sozial erwünschten Verhaltensweisen gegenüber Selbsteinschätzungsfragebogen
- Höherer Zeitaufwand gegenüber Selbsteinschätzungsfragen
- Durch die geringere Transparenz theoretisch auch als Vorauswahlinstrument einsetzbar, allerdings sollte man genau abwägen, bei welchen Zielgruppen dies akzeptabel ist. Auch Kubinger selbst formuliert: „gerade die Undurchschaubarkeit des Messprinzips stellt die Zumutbarkeit Ojektiver Persönlichkeitstests infrage" (a. a. O., S. 308)
- Hinterfragen der Ergebnisse und Herstellung des Bezugs zum Berufsalltag im Gespräch ist auch hier sinnvoll bzw. erforderlich

---

3.1.4 Freie Verfahren

Keine vorgege-
benen Antwort-
kategorien bei
freien Verfahren

Unter „freien" Verfahren sind diejenigen Instrumente zu verstehen, die in der Interpretation als nicht objektiv zu bezeichnen sind. Die Objektivität eines Persönlichkeits-Struktur-Tests besteht in Auswertung und Interpretation z. B. darin, dass die Selbsteinschätzung einer Person mit derjenigen einer Referenzgruppe abgeglichen wird. Damit ist eine Interpretation möglich, indem die Ergebnisse eindeutig als z. B. weit überdurchschnittlich eingeordnet werden können. Instrumente, bei denen die Bewertung der Ergebnisse demgegenüber subjektiv geprägt ist, sind z. B. Formdeuteverfahren (z. B. Rorschach-Test, Morgenthaler, 1992) oder die Schriftanalyse (Heinze, 2000). Diese Verfahren gewinnen ihren Wert durch Ausbildung und Erfahrung des Diagnostikers, der auf Grund seiner Qualifikation die Ergebnisse zielorientiert einordnen kann. Im berufsbezogenen Einsatz dürften diese Verfahren im deutschsprachigen Raum kaum noch Verwendung finden. Anders stellt sich die Lage in Frankreich dar, wo etwa Schriftanalysen akzeptiertes Mittel bei der Personalauswahl sind (vgl. Schuler et al., 1993).

Der Einsatz im Personalmanagement dürfte hier zu Lande schon daran scheitern, dass kaum hinreichend kompetente Anwender zur Verfügung stehen. Demgegenüber werden projektive Verfahren (z. B. auch der Thematische Apperzeptionstest, TAT, Murray, 1991) in anderen Anwendungsfeldern der psychologischen Diagnostik (z. B. in der Forensik) erfolgreich eingesetzt. Die projekten Verfahren bilden

> „eine Gruppe von Tests, bei denen für das Zustandekommen der Reaktion des Probanden auf den Teststimulus der Mechanismus der Projektion benutzt wird. Projektion meint, die unbewusste Verlagerung von Triebimpulsen, eigenen Fehlern, Wünschen, Schuld- und ähnlichen Gefühlen auf andere Personen und Situationen oder Gegenstände. Die projektiven Verfahren gehen davon aus, dass sich der Proband in die Deutungen und Gestaltungen, die er bei dem Test vorzunehmen hat, projiziert. Der Diagnostiker erschließt dann aus den in die Testvorlage projizierten Inhalten die Eigenschaften, Probleme, Bedürfnisse etc. des Probanden" (Häcker & Stapf, 2004, S. 735).

In der Gesamtschau sind diese Verfahren in den letzten Jahrzehnten in Personalauswahl- und Entwicklungsprozessen weniger zum Einsatz gekommen. Meist wird in diesem Kontext psychometrischen Verfahren oder Typentests der Vorzug gegeben. Allerdings lässt sich eine Tendenz beobachten, neben festgelegten Antwortmöglichkeiten zunehmend auch Methoden einzusetzen, welche die Reaktionsweise des Teilnehmers nicht auf vorgegebene Kategorien begrenzen, z. B. der Operante Motiv-Test (OMT, vgl. Kuhl, Scheffer & Eichstaedt, 2003).

3.1.5 Hinweise zu den Testgütekriterien

Im Folgenden werden die sog. Testgütekriterien kurz erläutert. Sie umfassen unterschiedliche Kennwerte, die sich im Laufe der empirisch-wissenschaftlichen Testentwicklungsgeschichte (seit etwa 1900) herausgebildet und weiterentwickelt haben. Teilweise erfolgt ihre Fortentwicklung auf

Basis neuerer statistischer Methoden. Die Testgütekriterien sind ein maßgebliches Kriterium für die Qualität eines Verfahrens. Die Kernfrage nach der erforderlichen Höhe eines Kennwertes kann nicht eindeutig beantwortet werden. Sie lässt sich aber ableiten aus dem, was andere Verfahren ähnlichen Geltungsbereiches und ähnlicher Methodik erreichen. Vor diesem Hintergrund lassen sich Bandbreiten für die Kennwerte abschätzen, wie sie etwa in Abbildung 37 angegeben sind (Fragenkatalog zur Auswahl eines seriösen Persönlichkeitstests). Weitergehende Erläuterungen finden sich z. B. bei Lienert & Raatz (1994). Die folgende Aufstellung gibt einen Überblick und zeigt wichtige statistische Kenndaten für einen Test auf.

• *Objektivität*

Der Grad, in dem die Ergebnisse eines Tests unabhängig vom Untersucher sind, und zwar hinsichtlich 1. Durchführung (Testleiterunabhängigkeit), 2. Auswertungsprozedur (Verrechnungssicherheit) und 3. Interpretation (Interpretationseindeutigkeit) (vgl. z. B. Kubinger, 2003b).

Praktische Bedeutung: Es sollten genaue Vorgaben zur Durchführung, Auswertung, und zur Interpretation (z. B. in Form von Normierungstabellen) angegeben werden.
– Die Objektivität ist für wissenschaftlich entwickelte Persönlichkeits-Struktur-Tests in der Regel gegeben, da exakte Vorgaben für Anweisung, Auswertung und Einordnung der Ergebnisse vorliegen.

• *Reliabilität*

Der Grad der Genauigkeit, mit dem ein Test ein bestimmtes Persönlichkeits- oder Verhaltensmerkmal misst, und zwar hinsichtlich Zuverlässigkeit und Fehlerfreiheit.

Praktische Bedeutung: Es sollte nicht nur die sog. interne Konsistenz aller Aussagen innerhalb einer Testskala belegt werden (meist mit dem sog. Kennwert „Cronbachs Alpha"). Es sollten auch Angaben zur wichtigeren Zuverlässigkeit bei Testwiederholung gemacht werden (Retest-Reliabilität).
– Die interne Konsistenz einer Skala ist durch einheitlich-ähnliche Aussagen relativ gut herstellbar und daher bedeutsam, aber nicht hinreichend für die Zuverlässigkeit eines Tests.
– Die Retest-Reliabilität ist aussagekräftiger. Je länger der dazwischen liegende Zeitraum (zwischen mehreren Wochen und mehreren Jahren), und je größer die Stichprobe, desto besser wird eine Einschätzung der Zuverlässigkeit möglich sein. Eine Bewertung der Stichprobengröße ist allerdings von Faktoren, wie z. B. deren Homogenität abhängig.

- *Validität*

Die Gültigkeit des Testverfahrens, für die zahlreiche unterschiedliche Kennwerte existieren. So gibt die Konstruktvalidität an, mit welcher Güte das zu erfassende Merkmal gemessen wird. Dazu werden die Testskalen meist mit Skalen ähnlichen Gültigkeitsanspruches aus wissenschaftlich akzeptierten Verfahren verglichen.

Für die Anwendungspraxis bedeutsamer ist die Kriteriumsvalidität. Die Testergebnisse einer Stichprobe werden dazu mit relevanten Kriterien (z. B. Berufserfolg, berufliche Zufriedenheit) verglichen. Daraus lässt sich im Idealfall detailliert ablesen, wie relevant die unterschiedlichen Testskalen für verschiedene Kriterien sind. Hierbei sind zwei Formen zu unterscheiden: Meist werden Testdaten und Kriterien gleichzeitig erhoben. So wird z. B. bei der Bearbeitung auch nach Einkommen, Hierarchiestufe usw. gefragt. Diese sog. konkurrente Validität ist weniger aussagekräftig als die prognostische Validität. Bei letzterer wird das Kriterium erst einige Zeit nach der Testbearbeitung erhoben. Ein Untersuchungsansatz besteht z. B. darin, dass für eine Stichprobe mehrere Jahre nach der Einstellung nachvollzogen wird, welche Testergebnisse bei der Personalauswahl vorlagen, und welcher berufliche Erfolg sich in den Jahren danach ergeben hat.

Für die Bewertung der Validitätskennwerte kann auch der Untersuchungskontext eine Rolle spielen. So besteht die Auffassung, dass Testergebnisse aus realen Auswahlsituationen in stärkerem Maße von sozial erwünschtem Antwortverhalten betroffen sind als z. B. Ergebnisse aus Beratungsprozessen, die auf Wunsch der Teilnehmer durchgeführt wurden. Am häufigsten anzutreffen sind jedoch Studien, bei denen der Test anonym im Rahmen einer Forschungsreihe bearbeitet wurde. Diese Ergebnisse lassen sich eher auf Beratungssituationen übertragen, jedoch nur bedingt auf Auswahlsituationen. Inwieweit sich Ergebnisse einer Untersuchungsbedingung auf andere Erhebungssituationen übertragen lassen ist jedoch insgesamt wenig belegt.

Praktische Bedeutung: Wichtig für die praktische Relevanz eines Verfahrens sind nicht nur Angaben zur Konstrukt-, sondern zusätzlich auch zur Kriteriumsvalidität. Diese sollten im Idealfall nicht nur aus Forschungsreihen, sondern auch aus in der Praxis erhobenen Daten stammen, wobei eine ausreichende Stichprobengröße und die Bedingungen der Datenerhebung zu beachten sind. Es ist günstig, wenn die Teilnehmer aus Untersuchungen möglichst gut der späteren Zielgruppe entsprechen und die Untersuchungen ausreichend aktuell sind (nicht mehrere Jahrzehnte alt). Hilfreich sind über einzelne Kennwerte hinaus solche Angaben, aus denen man die Bedeutung der einzelnen Testskalen für verschiedene Kriterien ablesen kann. So zeigt sich beim Bochumer Inventar zur berufsbezogenen Persönlichkeitsbeschreibung (BIP) etwa, dass für die berufliche Zufriedenheit andere Persönlichkeitsmerkmale verantwortlich sind, als für die Höhe des Einkommens (vgl. Hossiep & Paschen, 2003).

Zusammenfassend ist festzustellen, dass detaillierte Angaben zur Validität und zum Zustandekommen der angegebenen Kennwerte zur Beurteilung der Gültigkeit von Testverfahren unbedingt erforderlich sind.

- *Nebengütekriterien*

Ein Test sollte darüber hinaus
1. normiert (z. B. einen Vergleich zu einer relevanten Zielgruppe ermöglichen),
2. vergleichbar (z. B. einen Abgleich mit ähnlichen Verfahren erlauben),
3. ökonomisch (z. B. möglichst kosten- und zeitgünstig durchführbar),
4. nützlich (z. B. einen relevanten zusätzlichen Beitrag zur zu klärenden Frage leisten) sowie
5. zumutbar und fair sein (z. B. nicht unnötig in die Privatsphäre der Teilnehmer eindringen und als gerecht erlebt werden).

Darüber hinaus können bzw. sollten persönlichkeitsorientierte Verfahren, die im wirtschaftlichen Kontext eingesetzt werden, noch über zahlreiche Nebennutzen-Aspekte verfügen, wie z. B.: Personalmarketing-Funktionen nach innen und außen, Ermöglichung konsensorientierter Personalentscheidungen und Dokumentation der Bedeutung von Personalrekrutierung und -entwicklung.

3.2 Beschreibung gebräuchlicher Verfahren

In diesem Kapitel werden gebräuchliche Persönlichkeitstests kurz vorgestellt. *Alle dargestellten Ergebnisse und Antworten auf Testaussagen stammen von einer Testperson,* die gebeten wurde, alle Testfragen in Hinblick auf den beruflichen Kontext zu beantworten. Um einen Eindruck von den Verfahren gewinnen zu können, werden jeweils die in Abbildung 10 enthaltenen Informationen gegeben.

Dieses Prinzip der Darstellung wurde gewählt, um sowohl eine erste Anschauung des Materials zu ermöglichen, als auch die Rahmendaten der Anwendung und die Erfüllung der Testgütekriterien darzustellen. Alle Daten entstammen den Testmanualen der jeweiligen Verfahren, oder der Zusammenstellung „Brickenkamp Handbuch psychologischer Testverfahren (Bräh-

38

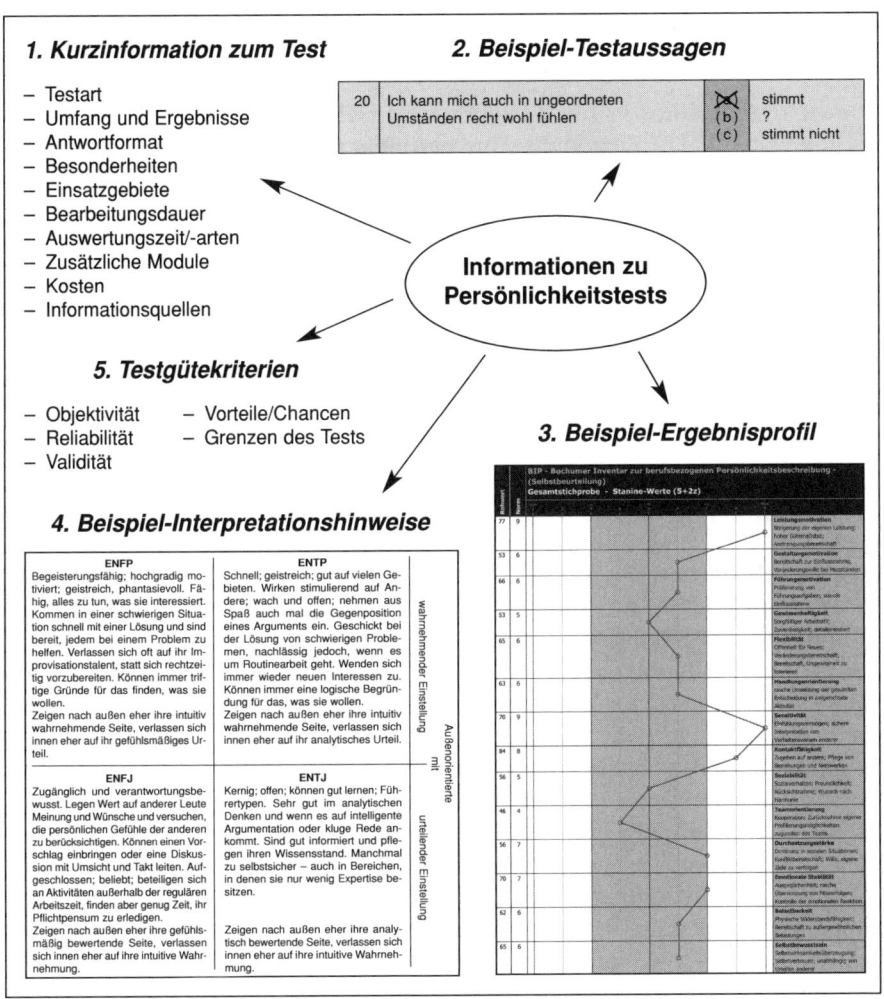

Abbildung 10:
Darstellung der wichtigsten Information zu Persönlichkeitstests

ler, Holling, Leutner & Petermann, 2002). Für die Darstellung der Testgütekriterien war eine Auswahl unumgänglich. Auf Grund der mitunter aufwändigen, unterschiedlichen Herangehensweisen der Testautoren mussten teilweise verschiedene methodische Ansätze auf die resultierenden Kennwerte verkürzt werden. Ziel ist es, eine Spannbreite anzugeben, die eine erste Orientierung über die Höhe der Gütekriterien ermöglicht. Als Hilfestellung zur Einordnung der Kennwerte kann die Karte: „Fragen zur Testauswahl" genutzt werden. Vor der Auswahl eines Tests für einen bestimmten Einsatzzweck ist es empfehlenswert, sich die ausführlicheren Darstellungen im jeweiligen Testmanual vor Augen zu halten.

• *Weitere Informationsquellen zu den vorgestellten und anderen Testverfahren*

Die wissenschaftlichen Testverfahren sind z. B. in den Testotheken der Psychologischen Fakultäten vieler Universitäten für Diplom-Psychologen und Studenten einsehbar. Eine Übersicht findet sich im Testkatalog der Testzentrale Göttingen oder auch direkt im Internet unter www.testzentrale.de. Überblicke über wirtschaftsbezogene Testverfahren insgesamt finden sich bei Sarges und Wottawa (2004), Persönlichkeitstests werden in ausführlicherer Form bei Hossiep, Paschen und Mühlhaus (2000) vorgestellt. Psychologische und pädagogische Testverfahren finden sich im o. g. Überblicksband „Brickenkamp Handbuch psychologischer Testverfahren". Darüber hinaus werden in den Management-Trainings-Magazinen in der Regel jährlich Übersichtsartikel über Persönlichkeitstests veröffentlicht.

Alle aufgeführten Preise sind im Frühjahr 2004 erhoben worden. Die Preise wurden für den Anwendungsfall „Durchführung des Tests im Rahmen eines Seminars" kalkuliert: Wie viel muss investiert werden, um eine Durchführung für 15 Teilnehmer zu ermöglichen? Weiterhin wurden Preise für die häufige Durchführung (Investition für 100 Teilnehmer) kalkuliert. Die abgebildeten, computergenerierten Ergebnisprofile wurden mit dem Hogrefe-Testsystem (HTS) erstellt und haben daher ein ähnliches Erscheinungsbild. Das Layout der Papierversionen der Ergebnisprofile weicht mehr oder weniger stark von dieser vereinheitlichten Darstellung ab. Die Beantwortung der beispielhaften Testfragen sowie die abgebildeten Ergebnisprofile basieren wie o. g. auf der Bearbeitung durch eine Person aus der Gruppe berufstätiger Fach- und Führungskräfte. Auf diese Weise wird es dem in einzelnen Tests bereits erfahrenen Anwender ermöglicht, Eindrücke über die Beziehungen zwischen den Verfahren zu entwickeln. Ausführlichere Interpretationen und Erläuterungen zum Zustandekommen der Ähnlichkeiten bzw. Unterschiede können in diesem Band aus Platzgründen nicht gegeben werden; es ist geplant, dies an anderer Stelle nachzuholen. Vor der Auswahl eines Persönlichkeitstests empfiehlt es sich unter anderem, diesen selbst probeweise durchzuführen. Weitere empfehlenswerte Schritte zur Auswahl eines Verfahrens finden sich auf der Karte: „Fragen zur Testauswahl".

3.2.1 16-Persönlichkeits-Faktoren-Test (16 PF-R)

Der 16 Persönlichkeits-Faktoren-Test (16 PR-R; Schneewind & Graf, 1998) wurde in den 40er Jahren des 20. Jahrhunderts vom bekannten amerikanischen Psychologen Raymond Cattell in seiner ersten Version vorgestellt. Sein Ziel war die Entwicklung eines Verfahrens zum Einsatz in Forschung und Praxis, das die gesamte Persönlichkeit umfassend beschreiben kann. Der Ursprung des 16 PF-R liegt damit in der Forschung. Kenn-

40

zeichnend für den 16 PF-R ist, dass die Aufteilung der Persönlichkeits-dimensionen nicht nach inhaltlichen Gesichtspunkten, sondern mit einem statistischen Verfahren erfolgte (Faktorenanalyse), welches die 16 Faktoren erbrachte, die dem Test auch seinen Namen geben. Dies führt bis heute bei allen Versionen des 16 PF-R mitunter dazu, dass der Anwender die Zuordnung von Fragen zu Testskalen und die Zusammenstellung der Test-skalen als weniger plausibel erleben kann.

Der 16 PF-R hat einen sehr großen Bekanntheitsgrad erreicht und wird seit Jahrzehnten in verschiedenen Versionen eingesetzt. Er ist auch in zahlrei-chen wissenschaftlichen Studien verwendet worden, vorwiegend im eng-lischsprachigen Raum. Seit mehreren Jahrzehnten wird der Test auch in der deutschsprachigen Version im berufsbezogenen Kontext erfolgreich eingesetzt. Die aktuelle revidierte Version des Tests stammt aus dem Jahr 1998. Überarbeitet wurden sowohl die Bezeichnung der einzelnen Persön-lichkeitsskalen, als auch die Testfragen. Darüber hinaus wurde eine aktuelle Vergleichsgruppe vorgelegt.

Empfehlung zum 16 PF-R: Durch die differenzierte Herangehensweise empfiehlt sich dieses Verfahren für Einsätze, bei denen die Persönlich-keit des Teilnehmers differenziert betrachtet werden soll (z. B. Auswahl- und Platzierungsfragen). Hierfür ist ein qualifizierter Anwender erforder-lich, der das Verfahren kennt und die Ergebnisse einordnen kann. Wenn u. a. anhand der Ergebnisse weitreichende Entscheidungen über Personen getroffen werden, sollte der 16 PF-R nicht als alleiniges Instrument ein-gesetzt werden (Prinzip des Methodenmix in der Eignungdiagnostik; vgl. z. B. Sarges, 2001).

20	Ich kann mich auch in ungeordneten Umständen recht wohl fühlen.	✕ [b] [c]	stimmt ? stimmt nicht
21	Ich wäre lieber ...	✕ [b] [c]	in einem Verkaufsbüro beschäftigt, wo ich organisieren und Leute treffen kann ? ein Architekt bzw. eine Architektin und könnte in einem ruhigen Raum Pläne zeichnen
22	Wenn eine Kleinigkeit nach der anderen schiefgeht ...	[a] [b] ✕	habe ich das Gefühl, daß ich damit einfach nicht zurechtkomme ? mache ich wie gewohnt weiter

Abbildung 11:
Beispielhafte Testaussagen des 16-Persönlichkeits-Faktoren-Test (16 PF-R)

Art	Persönlichkeits-Struktur-Test, der die Persönlichkeit umfassend beschreibt
Kennzeichen	– Nach wissenschaftlichen Kriterien entwickelt – Wissenschaftlich durch zahlreiche Untersuchungen abgesichert – Für den Einsatz in psychologischer Forschung und Praxis entwickelt, nicht speziell für den Berufskontext – Verlangt einen qualifizierten Anwender, um sein Potenzial zu entfalten
Umfang und Ergebnisse	– 184 Items werden im Ergebnis zu 16 Primärdimensionen zusammengefasst (9 bis 13 Items pro Skala) – Abbildung der Ergebnisse auch auf fünf Globaldimensionen möglich (Testmanual, S. 7)
Antwortformat	3-stufige Antwortskala (forced-choice mit dritter, indifferenter Antwortmöglichkeit)
Besonderheiten	– Intelligenz-Skala integriert (Logisches Schlussfolgern) mit 13 Fragen (Testmanual, S. 13) – Soziale-Erwünschtheits-Skala (Impression Management) mit 10 Fragen (Testmanual, S. 13), z. B. Item 17: „Ich habe schon Dinge gesagt, die andere gekränkt haben" (Antwortmöglichkeit: *a.* stimmt, *b.* ?, *c.* stimmt nicht) – Einsatz als Einzel- und Gruppentest
Einsatzgebiete	– Personalauswahl, – Personalentwicklung, – Berufliche Beratung, – Coaching
Bearbeitungsdauer	ca. 45 Minuten, keine Zeitbegrenzung
Auswertungszeit/-arten	– Von Hand, mit Auswertungsschablonen: ca. 15–30 Minuten („Brickenkamp", S. 608) – Mit der PC-Version (Hogrefe-TestSystem): ca. 1 Minute – Testauswerteservice des Apparatezentrums des Hogrefe Verlags per Telefax und E-mail
Zusatz-Module	bislang keine
Kosten für 15 Teilnehmer (Tn)	– Test komplett (u. a. Manual, 5 Testhefte, mehrfach verwendbar; 20 Antwortbogen, 20 Profilbogen) = 226,– Euro zusätzlich 10 Testhefte = 140,– Euro – insgesamt: 366,– Euro, d. h. *ca. 24,– Euro/Tn* – Computer- Version inkl. 100 Durchführungen = 850,– Euro zzgl. 200,– EUR für die Standalone-Software, d. h. *ca. 70,– Euro/Tn* – Testauswerteservice: *22,50 Euro/Tn*
Kosten für 100 Durchführungen	– Papier- Version: insgesamt = 418,– Euro, d. h. *ca. 4,– Euro/Tn* – Computer-Version inkl. 100 Durchführungen = 850,– Euro zzgl. 200,– EUR für die Standalone-Software, d. h. *ca. 10,50 Euro/Tn* – Testauswerteservice: *22,50 Euro/Tn*
Weitere Informationen	– www.testzentrale.de – www.apparatezentrum.de

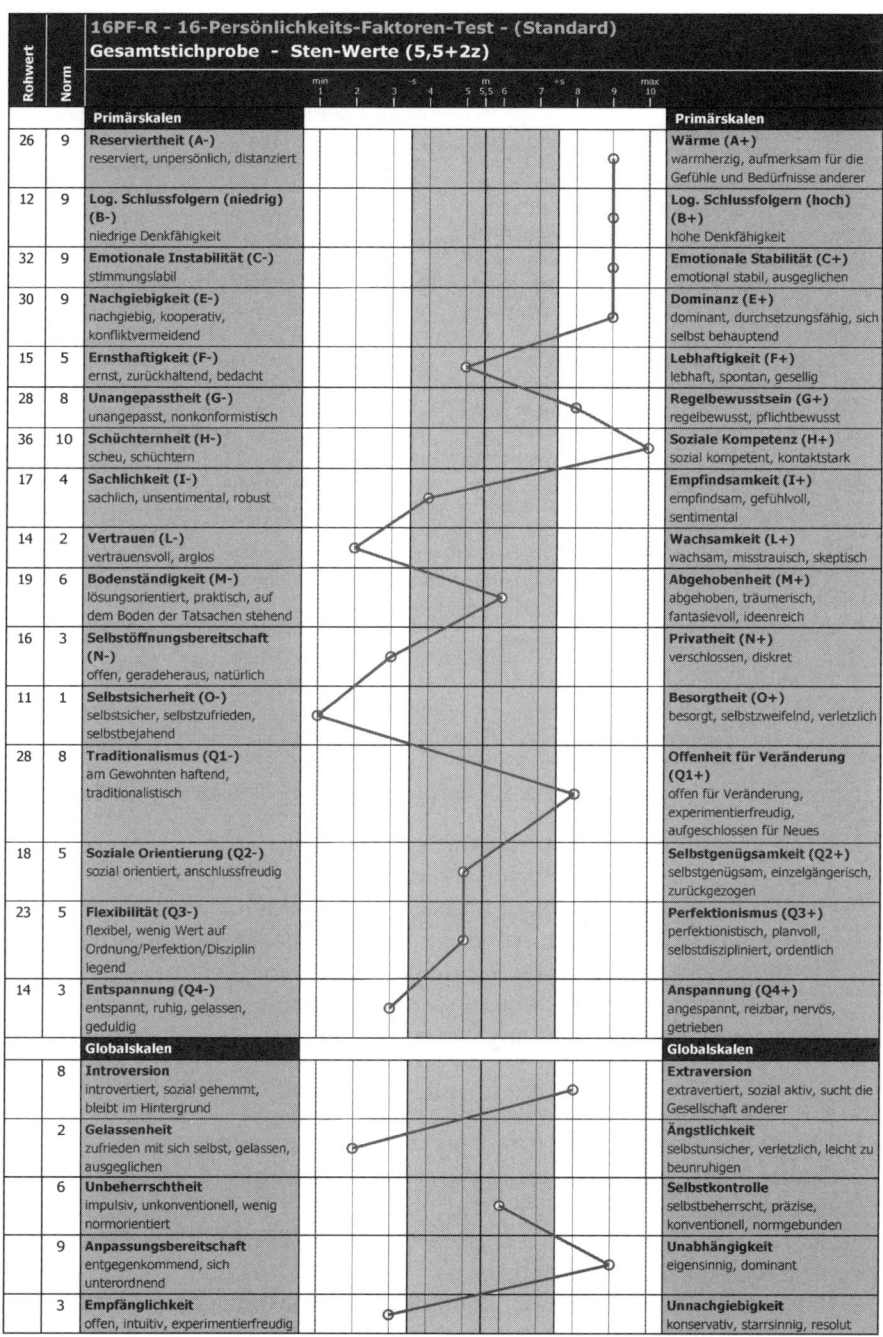

16PF-R - 16-Persönlichkeits-Faktoren-Test - (Standard)
Gesamtstichprobe - Sten-Werte (5,5+2z)

Rohwert	Norm	Primärskalen		Primärskalen
26	9	Reserviertheit (A-) reserviert, unpersönlich, distanziert		Wärme (A+) warmherzig, aufmerksam für die Gefühle und Bedürfnisse anderer
12	9	Log. Schlussfolgern (niedrig) (B-) niedrige Denkfähigkeit		Log. Schlussfolgern (hoch) (B+) hohe Denkfähigkeit
32	9	Emotionale Instabilität (C-) stimmungslabil		Emotionale Stabilität (C+) emotional stabil, ausgeglichen
30	9	Nachgiebigkeit (E-) nachgiebig, kooperativ, konfliktvermeidend		Dominanz (E+) dominant, durchsetzungsfähig, sich selbst behauptend
15	5	Ernsthaftigkeit (F-) ernst, zurückhaltend, bedacht		Lebhaftigkeit (F+) lebhaft, spontan, gesellig
28	8	Unangepasstheit (G-) unangepasst, nonkonformistisch		Regelbewusstsein (G+) regelbewusst, pflichtbewusst
36	10	Schüchternheit (H-) scheu, schüchtern		Soziale Kompetenz (H+) sozial kompetent, kontaktstark
17	4	Sachlichkeit (I-) sachlich, unsentimental, robust		Empfindsamkeit (I+) empfindsam, gefühlvoll, sentimental
14	2	Vertrauen (L-) vertrauensvoll, arglos		Wachsamkeit (L+) wachsam, misstrauisch, skeptisch
19	6	Bodenständigkeit (M-) lösungsorientiert, praktisch, auf dem Boden der Tatsachen stehend		Abgehobenheit (M+) abgehoben, träumerisch, fantasievoll, ideenreich
16	3	Selbstöffnungsbereitschaft (N-) offen, geradeheraus, natürlich		Privatheit (N+) verschlossen, diskret
11	1	Selbstsicherheit (O-) selbstsicher, selbstzufrieden, selbstbejahend		Besorgtheit (O+) besorgt, selbstzweifelnd, verletzlich
28	8	Traditionalismus (Q1-) am Gewohnten haftend, traditionalistisch		Offenheit für Veränderung (Q1+) offen für Veränderung, experimentierfreudig, aufgeschlossen für Neues
18	5	Soziale Orientierung (Q2-) sozial orientiert, anschlussfreudig		Selbstgenügsamkeit (Q2+) selbstgenügsam, einzelgängerisch, zurückgezogen
23	5	Flexibilität (Q3-) flexibel, wenig Wert auf Ordnung/Perfektion/Disziplin legend		Perfektionismus (Q3+) perfektionistisch, planvoll, selbstdiszipliniert, ordentlich
14	3	Entspannung (Q4-) entspannt, ruhig, gelassen, geduldig		Anspannung (Q4+) angespannt, reizbar, nervös, getrieben
		Globalskalen		Globalskalen
	8	Introversion introvertiert, sozial gehemmt, bleibt im Hintergrund		Extraversion extravertiert, sozial aktiv, sucht die Gesellschaft anderer
	2	Gelassenheit zufrieden mit sich selbst, gelassen, ausgeglichen		Ängstlichkeit selbstunsicher, verletzlich, leicht zu beunruhigen
	6	Unbeherrschtheit impulsiv, unkonventionell, wenig normorientiert		Selbstkontrolle selbstbeherrscht, präzise, konventionell, normgebunden
	9	Anpassungsbereitschaft entgegenkommend, sich unterordnend		Unabhängigkeit eigensinnig, dominant
	3	Empfänglichkeit offen, intuitiv, experimentierfreudig		Unnachgiebigkeit konservativ, starrsinnig, resolut

Abbildung 12:
Beispielhaftes PC-Ergebnisprofil des 16-Persönlichkeits-Faktoren-Test (16 PF-R) im Rahmen des Hogrefe TestSystems (HTS)

43

Skala E (Dominanz): *dominant, durchsetzungsfähig, sich selbst behauptend versus nachgiebig, kooperativ, konfliktvermeidend*

Diese Skala erfasst die Neigung, anderen den eigenen Willen aufzuzwingen (Dominanz) oder aber sich deren Wünschen anzupassen (Nachgiebigkeit). Dabei bedeutet Dominanz mehr als nur Selbstsicherheit: Selbstsicherheit heißt, eigene Rechte, Wünsche und persönliche Grenzen zu schützen; dominant dagegen ist, wer Wünsche anderer den eigenen unterordnet (H. B. Cattell, 1989). Um zu erreichen, was sie wollen, verleihen dominante Menschen ihren Wünschen und Meinungen vehement Ausdruck, auch wenn sie nicht darum gebeten wurden. Sie versuchen, das Verhalten ihrer Mitmenschen zu kontrollieren. Wenn jemand etwas tut, das sie stört, sprechen sie es ihm gegenüber an. Kommen sie mit Höflichkeit nicht weiter, schlagen sie auch einen schärferen Ton an. Meist gelingt es ihnen, andere, die ihren Standpunkt nicht teilen, dennoch von der eigenen Ansicht zu überzeugen. Es liegt auf der Hand, dass extrem dominante Personen ihre Mitmenschen oft vor den Kopf stoßen.

Nachgiebige Personen dagegen sind bereit, eigenen Wünsche und Gefühle beiseite zu schieben und auf die Wünsche anderer Rücksicht zu nehmen. In Konfliktsituationen sind sie diejenigen, die des lieben Friedens willen nachgeben, um offenen Konfrontationen aus dem Weg zu gehen. Auch wenn andere Fehler machen, lassen sie es lieber auf sich beruhen.

Abbildung 13:
Beispielhafte Interpretationshinweise zum 16-Persönlichkeits-Faktoren-Test
(16 PF-R; Auszug aus dem Testmanual, S. 35)

Bewertung des 16 PF-R
Vorteile und Chancen des Tests für den Einsatz im Berufskontext

– Nach wissenschaftlichen Standards entwickelt
– Frei erhältlich ohne Lizenzierungen
– Beschreibt die Persönlichkeit umfassend, dadurch hilfreich zur Gewinnung eines Überblicks in Auswahl- und Entwicklungsprozessen
– Umfangreiche und aktuelle Vergleichsgruppe vorhanden
– Seminarangebote zur Anwendung/Interpretation
– Testauswerteservice wird angeboten

Grenzen des Tests für den Einsatz im berufsbezogenen Kontext

– Einige Testfragen für Berufskontext weniger passend
– Bedingt durch das Konstruktionsprinzip Abgrenzung der Testskalen untereinander z. T. weniger plausibel
– Schriftliche Unterlagen (z. B. Report) zur Erläuterung des Ergebnisprofils sind nicht erhältlich
– Für den Teilnehmer gibt es keine Informationsbroschüren bzw. Anwendungshilfen

Objektivität	
Durchführung	– Darbietungsform ist schriftlich festgelegt
Auswertung	– Einzelne Schritte sind im Detail fixiert
Interpretation	– Vergleichsgruppe: Eine für die BRD repräsentative Stichprobe von 1.209 Personen liegt vor (Testmanual, S. 19)
Reliabilität	
Cronbach's Alpha	– $r = .66$ bis $r = .89$ (Primärfaktoren; $N = 1.209$)
Retest-Reliabilität	– $r = .60$ bis $r = .92$ (Primärfaktoren; $N = 111$) („Brickenkamp", S. 609; Testmanual, S. 17)
Cronbach's Alpha	– $r = .73$ bis $r = .87$ (Globalfaktoren; $N = 1.209$)
Retest-Reliabilität	– $r = .78$ bis $r = .90$ (Globalfaktoren; $N = 111$) („Brickenkamp", S. 609 (.83); Testmanual, S. 18)
Validität	
Konstruktvalidität	– Ergebnisse aus Korrelations-, Regressions- und Faktoren-analysen u. a. mit dem NEO-FFI, FPI-R belegen die Konstruktvalidität der Primär- und Globalskalen Beispiele: – Neo-FFI mit Globalfaktoren des 16 PF-R – Korrelationsanalysen: $r = .45$ bis $r = .67$ ($N = 618$) – Regressionsanalyse: Adj. $R^2 = .27$ bis adj. $R^2 = .27$ ($N = 618$) – Faktorenanalyse: Ladungen .73 bis .93 ($N = 618$) – FPI-R mit Globalfaktoren – Korrelationsanalysen: $r = .61$ bis $r = .69$ ($N = 178$) – Regressionsanalyse: Adj. $R^2 = .08$ bis Adj. $R^2 = .64$ ($N = 178$) (Testmanual S. 20 ff.)
Kriteriumsvalidität	– Mittels Korrelations- und Regressionsanalysen und Profil-vergleichen wurde die Beziehung der 16 PF-R-Primär- und Globalfaktoren zu elf Kriteriumsvariablen aus vier Mess-instrumenten untersucht Beispiel: – Skala Allgemeine Selbstwirksamkeit – Korrelationsanalyse: $r = -.40$ bis $r = .34$ ($N = 321$) – Regressionsanalyse: $R^2 = .21$ bis $R^2 = .27$ ($N = 321$) (Testmanual, S. 44 ff.)
Soziale Validität im berufs-bezogenen Einsatz	– Das Verfahren ist im berufsbezogenen Kontext einsetzbar – Durch die Revision 1998 wurden die Testfragen und vor allem die Skalenbezeichnungen besser verständlich und kommunizierbar

3.2.2 Myers-Briggs-Typenindikator (MBTI)

MBTI: Weltweit populärer Typen-Test

Der Myers-Briggs-Typenindikator (MBTI; Bents & Blank, 1995) entstand bereits um 1940 in der ersten Version. Entwicklungshintergrund war das Bestreben der Autorinnen, dass Menschen sich in ihrer Unterschiedlichkeit mithilfe dieses Tests besser verstehen und akzeptieren können. Durch besseres gegenseitiges Verständnis sollen Konflikte vermieden bzw. auflösbar werden. Der MBTI ist einer der bekanntesten und am häufigsten eingesetzten Typen-Tests, auch im beruflichen Bereich. Eine Besonderheit des MBTI ist dessen Aufbau auf der Typentheorie C. G. Jungs. Es handelt sich hierbei nicht um eine empirisch-wissenschaftliche Theorie, sie ist also nicht mit den gebräuchlichen statistischen Methoden zu überprüfen. Demzufolge fällt es dem MBTI schwer – wie den meisten auf C. G. Jung basierten Typentests – eindeutige Belege für den Nutzen in der Personalauswahl zu erbringen. Wegen seiner Kürze, Anschaulichkeit und „Neutralität" in der Ergebnisdarstellung (es gibt nach der Theorie keine „negativen" Ergebnisse) wird er häufig im beruflichen Kontext, speziell in Personalentwicklungsseminaren, eingesetzt.

Empfehlung zum MBTI: Durch die Kürze des MBTI und die wenig differenzierten Ergebnisse empfiehlt sich dieses Verfahren für Einsätze, bei denen in einem kürzeren Zeitabschnitt ein grundlegendes Verständnis für die Unterschiedlichkeit der menschlichen Persönlichkeit geschaffen werden soll (z. B. Verhaltenstrainings). Aus den gleichen Gründen ist das Verfahren weniger für Prozesse anzuraten, bei denen u. a. tiefgehende, breite Ergebnisse benötigt werden, auf deren Basis weitreichende Entscheidungen über Personen getroffen werden sollen (z. B. Auswahl- und Platzierungsfragen). In einem solchen Fall sollte der MBTI ggf. nur ergänzend zu anderen Persönlichkeitstests eingesetzt werden.

2. Kommen Sie gewöhnlich mit Menschen besser aus, A die phantasievoll *oder* B die realistisch sind? **X**	80. Mögen Sie lieber A Kriminalromane **X** *oder* B Liebesromane?

Welches Wort in jedem Wortpaar sagt Ihnen mehr zu?

26	fest entschlossen	A	**X**		B	offenherzig
27	phantasievoll	A		**X**	B	sachlich
28	systematisch	A	**X**		B	spontan
29	Theorie	A	**X**		B	Bestimmtheit
30	Party	A		**X**	B	Theater

Abbildung 14:
Beispielhafte Testaussagen des Myers-Briggs-Typenindikator (MBTI; Testaussagen werden vom Teilnehmer auf einem Antwortbogen vorgenommen; hier zur Veranschaulichung im Testheft selbst angekreuzt)

Tabelle 5:

Kurzinformation zum Myers-Briggs-Typenindikator (MBTI)

Art	Persönlichkeits-Typen-Test mit 4 Skalen und 16 Ergebnis-Typen auf Basis der Psychanalytischen Persönlichkeitstheorie von C.G. Jung
Kennzeichen	– Nach wissenschaftlichen Kriterien entwickelt – Zu Grunde liegende psychoanalytische Theorie empirisch nicht zu überprüfen – Für den Einsatz bei praktischen Fragestellungen entwickelt, um das Verständnis der Menschen für die eigene Person und Unterschiede zu anderen fördern – Verlangt einen qualifizierten Anwender, um sein Potenzial zu entfalten
Umfang und Ergebnisse	– 90 Testfragen werden im Ergebnis zu vier bipolaren Skalen zusammengefasst (Extraversion – Introversion; Sinnliche Wahrnehmung – Intuitive Wahrnehmung; Analytische Beurteilung – Gefühlsmäßige Beurteilung; Beurteilung und Wahrnehmung) – Daraus wird einer von 16 möglichen Typen abgeleitet, zu dem Erläuterungen gegeben werden
Antwortformat	– Auswahl zwischen zwei Antwortalternativen (Forced-Choice); Fragen und Wortpaare
Besonderheiten	– Erläuterndes Buch „Typisch Mensch" (Bents & Blank, 2005) zur Einführung in den MBTI – Ausführlicher Band zur Theorie und zur Bedeutung der Ergebnisse – Einsatz als Einzel- und Gruppentest – Testeinsatz erfordert Teilnahme an Lizensierungsschulung – Seit 2004 ist der auf dem MTBI aufbauende GPOP (Golden, Bents & Blank, 2004) erhältlich
Einsatzgebiete	– Personalentwicklung, vor allem Beratungssituationen – Häufig auch Einsatz in Trainings
Bearbeitungs-dauer	ca. 10–20 Minuten; keine zeitliche Begrenzung
Auswertungs-zeit/-arten	– Von Hand, mittels Durchschreibbogen ca. 5–10 Minuten – Computerversion bei OPP Ltd. erhältlich (der Teilnehmer bekommt eine E-mail, in der er die Fragen beantwortet und dann zurück-mailt. Der Trainer kann dann über das Internet einen Ergebnis-report abrufen (die deutsche Fassung des Reports ist laut OPP in Vorbereitung).
Zusatz-Module	bislang keine
Kosten für 15 Teilnehmer (Tn) (Umrechnung von GBP in Euro)	– 2 x 10 Fragebogen und 2 x 10 Antwort-/Auswertungsbögen: ca. 318,– Euro, d. h. ca. 21,– Euro/Tn – Online-Version 23,– Euro/Tn (mit schriftlichem Report; vor der ersten Anwendung wird eine einmalige Anmeldegebühr fällig)
Kosten für 100 Durchführungen (Umrechnung von GBP in Euro)	– 2 x 10 Fragebogen (wiederverwendbar) 225,– Euro; 10 x 10 Antwort-/Auswertungsbögen 465,– Euro; gesamt 690,– Euro, d. h. ca. 6,90 Euro/Tn – Online-Version 23,– Euro/Tn (mit schriftlichem Report; vor der ersten Anwendung wird eine einmalige Anmeldegebühr fällig)

Weitere Informationen	– Der MBTI ist nicht mehr bei Beltz Test (daraus entstammen die Abbildungen) erhältlich, sondern nunmehr bei der britischen Beratungsgesellschaft OPP Ltd. (www.opp.co.uk) – Die Beratungsgesellschaft FutureSystemsConsulting der Testautoren der ehemals bei Beltz-Test erhältlichen Version bieten einen auf dem MBTI aufbauenden Test an (GPOP; Golden Profiler of Personality von Golden, Bents & Blank, 2004; vgl. www.testzentrale.de)

Typen mit intuitiver Wahrnehmung
und
gefühlsmäßiger Beurteilung ⎸ analytischer Beurteilung

ENFP	**ENTP**
Begeisterungsfähig; hochgradig motiviert; geistreich, phantasievoll. Fähig, alles zu tun, was sie interessiert. Kommen in einer schwierigen Situation schnell mit einer Lösung und sind bereit, jedem bei einem Problem zu helfen. Verlassen sich oft auf ihr Improvisationstalent, statt sich rechtzeitig vorzubereiten. Können immer triftige Gründe für das finden, was sie wollen. Zeigen nach außen eher ihre intuitiv wahrnehmende Seite, verlassen sich innen eher auf ihr gefühlsmäßiges Urteil.	Schnell; geistreich; gut auf vielen Gebieten. Wirken stimulierend auf Andere; wach und offen; nehmen aus Spaß auch mal die Gegenposition eines Arguments ein. Geschickt bei der Lösung von schwierigen Problemen, nachlässig jedoch, wenn es um Routinearbeit geht. Wenden sich immer wieder neuen Interessen zu. Können immer eine logische Begründung finden für das, was sie wollen. Zeigen nach außen eher ihre intuitiv wahrnehmende Seite, verlassen sich innen eher auf ihr analytisches Urteil.
ENFJ	**ENTJ**
Zugänglich und verantwortungsbewusst. Legen Wert auf anderer Leute Meinung und Wünsche und versuchen, die persönlichen Gefühle der anderen zu berücksichtigen. Können einen Vorschlag einbringen oder eine Diskussion mit Umsicht und Takt leiten. Aufgeschlossen; beliebt; beteiligen sich an Aktivitäten außerhalb der regulären Arbeitszeit, finden aber genug Zeit, ihr Pflichtpensum zu erledigen. Zeigen nach außen eher ihre gefühlsmäßig bewertende Seite, verlassen sich innen eher auf ihre intuitive Wahrnehmung.	Kernig; offen; können gut lernen; Führertypen. Sehr gut im analytischen Denken und wenn es auf intelligente Argumentation oder kluge Rede ankommt. Sind gut informiert und pflegen ihren Wissensstand. Manchmal zu selbstsicher – auch in Bereichen, in denen sie nur wenig Expertise besitzen. Zeigen nach außen eher ihre analytisch bewertende Seite, verlassen sich innen eher auf ihre intuitive Wahrnehmung.

wahrnehmender Einstellung / urteilender Einstellung
Außenorientierte mit

Abbildung 15:
Beispielhafte Ergebnis-Beschreibung des sich ergebenden Typus beim MBTI
(Bents & Blank, 2003; Auszug aus S. 66 f.)

ENTJ

Außenorientierte, analytische Beurteilung mit intuitiver Wahrnehmung

Personen mit ENTJ-Präferenzen setzen ihre analytische Beurteilung ein, um möglichst alles in den Griff zu bekommen. Sie geben gern Anweisungen und planen langfristig. Da sie sich auf ihr analytisches Urteil verlassen, erscheinen sie logisch, objektiv kritisch und lassen sich meist nur durch vernünftige Argumente übezeugen. Ihre Aufmerksamkeit gilt vor allem den Ideen und nicht so sehr den Menschen, die die Ideen einbringen.

Sie denken gern weit im Voraus, planen Abläufe und einzelne Schritte für ein Projekt und gehen systematisch vor, um ihr Ziel termingerecht zu erreichen. Sie werden ungeduldig, wenn die Dinge unklar oder nicht effizient sind und können hart sein, wenn es die Umstände verlangen.

Handlungen müssen folgerichtig und einsichtig sein, so denken sie, und handeln selbst danach. Ihr Weltbild und ihr eigenes Leben ist geordnet.

Sie interessieren sich vor allem für die Zukunft und überlegen, was man in der nächsten Zeit noch entwickeln könnte und geben sich weniger mit dem Bekannten ab oder mit dem, was jeder weiß und allen offensichtlich ist. Intuition befruchtet ihr Denken und macht sie empfänglich für neue Ideen und Theorien. Komplexe Probleme betrachten sie als Herausforderung.

Sie sind unzufrieden, wenn eine Arbeit ihren intuitiven Fähigkeiten nicht entspricht. Probleme stimulieren sie. Deshalb findet man diesen Typus häufig in Bereichen, in denen ständig neue Lösungsmöglichkeiten gefunden und umgesetzt werden müssen. Weil sie sich vor allem für die großen Zusammenhänge interessieren, kann es vorkommen, daß ihnen wichtige Einzelheiten entgehen. Weil sie dazu neigen, sich mit gleichgesinnten Intnitiven zu verbinden, die ebenso wie sie die realen Verhältnisse einer Situation nicht gut einschätzen können, brauchen sie gewöhnlich jemand mit gesundem Menschenverstand in ihrer Nähe, der immer wieder auf wichtige Einzelheiten hinweist.

Wie alle Typen, die zum schnellen (Urteil neigen, laufen sie Gefahr, voreilige Entscheidungen zu treffen, bevor sie eine Situation hinreichend erfasst haben. Sie müssen also gegensteuern, sich besonders die Meinung derer anhören, die sich – vielleicht aufgrund ihrer Position – nicht sofort äußern. Das fällt den ENTJ-Typen schwer. Aber wenn sie sich keine Zeit nehmen, entscheiden sie sich eventuell voreilig ohne ausreichende Sachinformation oder ohne genügend Rücksichtnahme auf die Gefühle und Einsichten anderer Menschen.

Abbildung 16:

Beispielhafter Interpretationshinweis zu einem Ergebnistypus des Myers-Briggs-Typenindikator (MBTI; Bents & Blank, 1995, S. 22)

Tabelle 6:
Ausgewählte Testgütekriterien des Myers-Briggs-Typenindikator (MBTI)

Objektivität	
Durchführung	– Schriftlich festgelegt
Auswertung	– Schritte sind im Manual festgelegt
Interpretation	– Keine Vergleichsgruppen vorhanden, lediglich Typen-beschreibungen. Die mehr oder weniger ausgeprägte Zugehörigkeit zu einem der 16 Typen kann daher nicht exakt interpretiert werden
Reliabilität	
Cronbachs Alpha	– $r = .87$ bis $r = .92$ (N = 548; Testmanual, S. 58 ff.; „Brickenkamp", S. 694)
Retest-Reliabilität (6 Wochen)	– Wahrscheinlichkeit, dass eine Person beim Retest denselben Typus hat (N = 40): Korrelation der Kontinuumwerte: $r = .80$ bis $r = .91$ – Proportion der Fälle mit dem exakt gleichen Ergebnistypus: 67,5 % (Testmanual, S. 67; „Brickenkamp", S. 694)
Validität	
Konstruktvalidität	– Theorie besagt, dass bestimmte Ergebnistypen in bestimmten Berufsfeldern gehäuft auftreten; z. B. angegebene Verteilungen von verschiedenen Stich-proben: BWL-Studenten (49,34 % Typ EST-), Restaurant-leiter (32,58 % Typ ESTJ) und Personalentwickler (43,0 % Typ ENF-); (N = 77–312) – Hohe Unabhängigkeit der Skalen durch die Berechnung von Korrelationen zwischen den 8 Unterskalen ($r = .02$ bis $r = .38$) (Manual S. 62) – Korrelationen mit ähnlichen Skaleninhalten anderer Persönlichkeitstests (z. B. 16 PF) zwischen $r = .40$ bis $r = .77$ (Manual S. 82–85) – Korrelation der MBTI- Skalen mit dem JTS (Jungian Type Survey) erbrachte lediglich schwache bis zufriedenstellende Übereinstimmung $r = .23$ bis $r = .68$ (N = 98; „Brickenkamp", S. 694; Testmanual S. 86)
Soziale Validität im berufsbezogenen Einsatz	– Einige Testfragen sind inhaltlich so weit vom Beruf entfernt, dass Teilnehmer es vermutlich weniger akzeptieren, wenn auf der Basis des Tests weitreichende Entscheidungen über sie getroffen würden – Das Verfahren wird im berufsbezogenen Kontext häufig und erfolgreich eingesetzt, allerdings in Beratungs-/Trainings-situationen, wofür es auch von den Autoren der deutschen Version empfohlen wird

Bewertung des MBTI
Vorteile und Chancen des Tests für den Einsatz im Berufskontext
– Nach wissenschaftlichen Testentwicklungs-Standards aufgebaut – Seminarangebote zur Anwendung (verschiedene Vertiefungsstufen) – Beschreibt die Persönlichkeit in einigen Grundzügen, benötigt wenig Durchführungszeit – Auf Grund der positiven Beschreibung der Ergebnisse den Teilnehmern problemlos nahe zu bringen – Auf Grund der wenigen Skalen vergleichsweise schnell zurückzumelden – Buch „Typisch Mensch" und „Der M. B. T. I." liefern ausführliche Erläuterungen zum Test und zu den Ergebnissen – Online-Testauswerteservice wird angeboten
Grenzen des Tests für den Einsatz im berufsbezogenen Kontext
– Grundlage (die tiefenpsychologische Theorie Jungs) ist empirisch nicht abgesichert, daher ist die Aussagekraft der Ergebnisse eingeschränkt – Erfasst nur wenige Persönlichkeitsmerkmale – Einige Testfragen für Berufskontext weniger passend – Zweistufige Antwortskala mit Zwang zur Entscheidung bietet wenig Möglichkeit für den Teilnehmer, sich differenziert darzustellen – Keine Vergleichsgruppe, damit hat das Ergebnis vor allem qualitative Bedeutung (z. B. ist ein Vergleich mit anderen Ergebnissen quantitativ kaum möglich) – Bezeichnung der Skalen (und damit auch Rückmeldung an den Teilnehmer) erklärungsbedürftig; in Trainings- u. Beratungssituationen jedoch gut zu erläutern – Lizensierungsschulung erforderlich vor dem Einsatz des MBTI (Ausnahmeregel: Wer nachweisen kann, dass er den Test vor dem 30. 6. 2001 von Futuresystemsconsulting oder der Testzentrale bezogen hat, wird lt. Aussage von OPP auch ohne diese Schulung mit Testmaterial beliefert)

3.2.3 NEO-Fünf-Faktoren-Inventar (NEO-FFI) und NEO-Persönlichkeitsinventar (NEO-PI-R)

Das NEO-Fünf-Faktoren-Inventar (NEO-FFI; Borkenau & Ostendorf, 1993) bzw. das NEO-Persönlichkeitsinventar nach Costa und McCrae (NEO-PI-R; Ostendorf & Angleitner, 2004) entstanden aus der wissenschaftlichen Dis-

NEO-FFI/NEO-PI-R: Die „fünf großen" Persönlichkeitsmerkmale

51

kussion um die notwendige Anzahl grundlegender Persönlichkeitsdimensionen (vgl. Kap. 2.1). Der Entwicklungshintergrund ist damit forschungsbezogen. Er bietet den Vorteil, voneinander unabhängige, grundlegende Bereiche der Persönlichkeit zu erfassen, die in ihrer Bedeutung wissenschaftlich abgesichert sind. Dies geschieht beim NEO-FFI in kurzer Form (nur 60 Testfragen), beim NEO-PI-R ausführlicher (240 Items).

NEO-FFI

Empfehlung zum NEO-FFI: Durch die kurze, aber trotzdem die Persönlichkeit grundlegend umfassende Herangehensweise empfiehlt sich dieses Verfahren für Einsätze, bei denen die Persönlichkeit des Teilnehmers in ihrer Gesamtheit fundiert betrachtet werden soll. Da einige Testfragen weit vom Berufskontext entfernt sind, sollte ein Einsatz bei Auswahl-/Platzierungsfragen vor diesem Hintergrund geprüft werden. Für den Einsatz ist ein qualifizierter Anwender erforderlich, der das Verfahren kennt und die Ergebnisse einordnen kann. Wenn u. a. anhand der Ergebnisse weitreichende Entscheidungen über Personen getroffen werden sollen, ist die Ergänzung durch andere Instrumente ratsam (Prinzip des Methodenmix in der Eignungsdiagnostik; vgl. z. B. Sarges, 2001). Gegebenenfalls sollten zusätzlich berufsbezogene Persönlichkeitstests eingesetzt werden. Auf Grund der Kürze des Verfahrens ist ein Einsatz auch dort empfehlenswert, wo in einem kürzeren Zeitabschnitt ein grundlegendes Verständnis für die Unterschiedlichkeit der menschlichen Persönlichkeit geschaffen werden soll (z. B. Verhaltenstrainings).

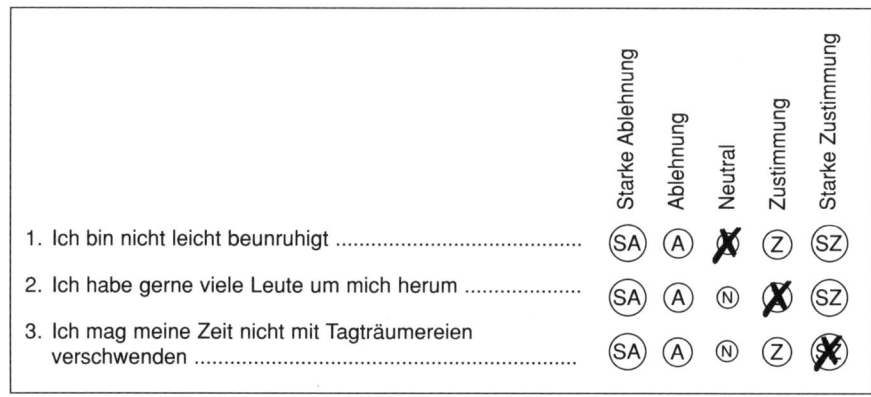

Abbildung 17:
Beispielhafte Testaussagen des Neo-Fünf-Faktoren-Inventars (NEO-FFI)

Art	Kurzer Persönlichkeits-Struktur-Test, der die Beschreibung des Teilnehmers anhand fünf grundlegender Persönlichkeitsfaktoren ermöglicht
Kennzeichen	– Nach wissenschaftlichen Kriterien entwickelt – Basiert auf dem aktuellen Stand der Forschung zu grundlegenden Persönlichkeitsfaktoren – Für den Einsatz in psychologischer Forschung und Praxis entwickelt, nicht speziell für den Berufskontext – Verlangt einen qualifizierten Anwender, um sein Potenzial zu entfalten
Umfang und Ergebnisse	– 60 Fragen, die im Ergebnis zu fünf Testskalen zusammengefasst werden (Neurotizismus, Extraversion, Offenheit, Verträglichkeit, Gewissenhaftigkeit) mit jeweils 12 Items (Testmanual S. 5)
Antwortformat	5-stufige Antwortskala (Rating-Skala)
Besonderheiten	– Faktoranalytisch konstruierter Fragebogen (Testmanual, S. 5) – Einzel- und Gruppentest
Einsatzgebiete	– Eingeschränkt Personalauswahl und -platzierung – Berufliche Beratung, Coaching, Training
Bearbeitungsdauer	ca. 10 Minuten, keine Zeitbegrenzung (Testmanual, S. 23)
Auswertungszeit/-arten	– Von Hand, mittels Auswertungsschablone, ca. 5 Minuten („Brickenkamp", S. 967; Manual keine Angaben) – Mit der PC-Version (Hogrefe-TestSystem) ca. 1 Minute
Zusatz-Module	keine
Kosten für 15 Teilnehmer (Tn)	– Test komplett (Handanweisung, 10 Fragebogen, 1 Schablone): 52,– Euro; zus. 25 Fragebogen: 13,75 Euro – insgesamt: 65,75 Euro, d. h. *ca. 4,50 Euro/Tn* – Computer-Version inkl. 100 Durchführungen: 600,– Euro, Standalone-Software 200,– Euro, d. h. *ca. 53,– Euro/Tn*
Kosten für 100 Durchführungen	– Papierversion ges. ca. 107,– EURO , d. h. *ca. 1,– Euro/Tn* – Computer-Version inkl. 100 Durchführungen: 600,– Euro, Standalone-Software 200,– Euro, d. h. *ca. 8,– Euro/Tn*
Weitere Informationen	www.testzentrale.de

Rohwert	Norm	NEO-FFI - NEO-Fünf-Faktoren Inventar - (Standard) Gesamt, geschlechtsspezifisch - Dezi-C (50+20z)	
0,583	18		Neurotizismus
3,08	76		Extraversion
2,58	47		Offenheit
2,75	65		Verträglichkeit
3,5	80		Gewissenhaftigkeit

Abbildung 18:
Beispielhaftes PC-Ergebnisprofil des Neo-Fünf-Faktoren-Inventars (NEO-FFI) im Rahmen des Hogrefe-TestSystems (HTS)

Neurotizismus. Die Skala erfasst individuelle Unterschiede in der emotionalen Stabilität und der emotionalen Labilität (*Neurotizismus*) von Personen. Der Begriff *Neurotizismus* darf nicht im Sinne der Diagnose einer psychischen Störung bzw. der Zuordnung einer psychiatrischen Kategorie missverstanden werden. Vielmehr wurde das Merkmal dimensional konzipiert, und die Skala *N* des NEO-FFI dient genau wie alle anderen Skalen des Inventars der Erfassung von Persönlichkeitsmerkmalen, in denen sich *alle* Menschen mehr oder weniger voneinander unterscheiden. Der Kern der Dimension liegt in der Art und Weise, wie Emotionen, vor allem negative Emotionen, erlebt werden. Personen mit einer hohen Ausprägung in *Neurotizismus* geben häufiger an, sie seien leicht aus dem seelischen Gleichgewicht zu bringen. Im Vergleich zu emotional stabilen Menschen berichten sie häufiger negative Gefühlszustände zu erleben und von diesen manchmal geradezu überwältigt zu werden. Sie berichten über viele Sorgen und geben häufig an, z. B. erschüttert, betroffen, beschämt, unsicher, nervös, verlegen, ängstlich und traurig zu reagieren. Sie neigen zu unrealistischen Ideen und sind weniger in der Lage, ihre Bedürfnisse zu kontrollieren. Emotional stabile Menschen haben diese Probleme kaum, sie beschreiben sich selbst als ruhig, ausgeglichen, sorgenfrei, und sie geraten auch in Stresssituationen nicht so schnell aus der Fassung. Der Prototyp läßt sich durch nichts aus der Ruhe bringen.

Abbildung 19:
Beispielhafte Interpretationshinweise zum NEO-Fünf-Faktoren-Inventar (NEO-FFI; Manual S. 69)

Tabelle 8:
Ausgewählte Testgütekriterien des NEO-Fünf-Faktoren-Inventars (NEO-FFI)

Objektivität	
Durchführung	– Instruktion und Auswertung im Manual festgelegt
Auswertung	– Skalenbeschreibung und Mittelwerte werden im Manual angegeben (Manual S. 27 f.)
Interpretation	– Auswertung anhand von Referenzwerten nur bei der Computerversion möglich

Tabelle 8 (Fortsetzung):

Ausgewählte Testgütekriterien des NEO-Fünf-Faktoren-Inventars (NEO-FFI)

Reliabilität	
Cronbach's Alpha	– r = .71 bis r = .85 (N = 2.112; „Brickenkamp" S. 967, Manual S. 13)
Retest-Reliabilität („etwa 2 Jahre")	– r = .65 bis r = .81 (N = 146; „Brickenkamp" S. 967, Manual S. 15)
Validität	
Konstruktvalidität	– 300 Testteilnehmer: Selbst- und Fremdeinschätzung auf einer 7-stufigen Adjektivskala von Normen (1963); Korrelationen ergaben sich von r = .23 bis r = .45 („Brickenkamp" S. 967, Manual S. 20 f.)
Faktorielle Validität	– Überprüfungen der Replizierbarkeit der Faktoren anhand von Stichprobenvergleichen ergaben Kongruenzkoeffizienten der Dimensionen von r = .91 bis r = .98 („Brickenkamp" S. 967, Manual S. 17 f.) – Faktorenanalyse über die Skalen und Skalen weiterer Verfahren (EPI, FPI, PRF): die Faktorenstruktur lässt sich durch die Dimensionen des NEO-FFI erklären („Brickenkamp" S. 967, Manual S. 18 f.)
Soziale Validität im berufsbezogenen Einsatz	– Einige Testfragen sind weit vom Beruf entfernt, so dass der Einsatz vor allem für Beratungs-, Coaching- und Trainingssituationen akzeptabel ist – Günstig für die Akzeptanz sind die wissenschaftliche Grundlage und die mehrfach abgestufte Antwortskala

Bewertung des NEO-FFI
Vorteile und Chancen des Tests für den Einsatz im Berufskontext
– Nach wissenschaftlichen Standards entwickelt – Frei erhältlich ohne Lizenzierungen – Beschreibt die Persönlichkeit in wichtigen Grundzügen – Bei Computerversion Vergleichsgruppe vorhanden – Kurze Durchführung, schnelle Auswertung
Grenzen des Tests für den Einsatz im berufsbezogenen Kontext
– Einige Testfragen sind vom Berufskontext weit entfernt – Spezifische, beruflich relevante Persönlichkeitsdimensionen sind nicht als separate Skalen enthalten (z. B. differenziertere Betrachtungen der Sozialen Komptenzen) – Schriftliche Unterlagen (z. B. Report) zur Erläuterung des Ergebnisprofils sind nicht erhältlich – Für den Teilnehmer gibt es keine Informationsbroschüren bzw. Anwendungshilfen

NEO-PI-R

Das NEO-Persönlichkeitsinventar nach Costa und McCrae (Ostendorf & Angleitner, 2004) stellt die ausführlichere Form zur Erfassung der Big-Five Persönlichkeitsfaktoren dar. Es unterscheidet sich von NEO-FFI u. a. durch eine große Vergleichsgruppe von über 11.000 Personen sowie durch eine Kurzfassung zur Fremdbeurteilung (Form F). Jeder Skala sind sechs Facetten zugeordnet, für die im Ergebnisprofil neben den fünf Persönlichkeitsfaktoren auch ein eigener normierter Ergebniswert ausgewiesen wird (vgl. Abb. 21, die einen Ausschnitt aus dem DIN A3-formatigen Gesamtprofil zeigt). Die folgende Tabelle 9 gibt eine Übersicht über die verschiedenen Facetten.

Tabelle 9:
Persönlichkeitsbereiche und zugeordnete Facetten beim NEO-PI-R (a. a. O., S. 11)

1. Neurotizismus (N)	2. Extraversion (E)	3. Offenheit für Erfahrungen (O)	4. Verträglichkeit (A)	5. Gewissenhaftigkeit (C)
– Ängstlichkeit – Reizbarkeit – Depression – Soziale Befangenheit – Impulsivität – Verletzlichkeit	– Herzlichkeit – Geselligkeit – Durchsetzungsfähigkeit – Aktivität – Erlebnishunger – Frohsinn	– Offenheit für Fantasie – Offenheit für Ästhetik – Offenheit für Gefühle – Offenheit für Handlungen – Offenheit für Ideen – Offenheit des Werte- und Normensystems	– Vertrauen – Freimütigkeit – Altruismus – Entgegenkommen – Bescheidenheit – Gutherzigkeit	– Kompetenz – Ordnungsliebe – Pflichtbewusstsein – Leistungsstreben – Selbstdisziplin – Besonnenheit

Empfehlung zum NEO-PI-R: Durch die ausführliche, die Persönlichkeit grundlegend umfassende Herangehensweise empfiehlt sich dieses Verfahren für Einsätze, bei denen die Persönlichkeit des Teilnehmers differenziert betrachtet werden soll (z. B. Auswahl- und Platzierungsfragen). Hierfür ist ein qualifizierter Anwender erforderlich, der das Verfahren kennt und die Ergebnisse einordnen kann. Da einige Testaussagen für den Berufskontext wenig angemessen sind, sollte der Einsatz vor diesem Hintergrund geprüft werden. Wenn u. a. anhand der Ergebnisse weitreichende Entscheidungen über Personen getroffen werden, sollte der NEO-PI-R nur als eines von mehreren Verfahren eingesetzt und gegebenenfalls um berufsbezogene Instrumente ergänzt werden (Prinzip des Methodenmix in der Eignungdiagnostik; vgl. z. B. Sarges, 2001). Auf Grund der längeren Bearbeitungszeit und der differenzierten Ergebnisdarstellung des Verfahrens im Gegensatz zum NEO-FFI ist ein

Einsatz dort weniger empfehlenswert, wo in einem kürzeren Zeitabschnitt ein grundlegendes Verständnis für die Unterschiedlichkeit der menschlichen Persönlichkeit geschaffen werden soll (z. B. einmaliges Verhaltenstraining).

Tabelle 10:

Kurzinformation zum NEO-Persönlichkeitsinventar (NEO-PI-R)

Art	Ausführlicher Persönlichkeits-Struktur-Test, der die Beschreibung des Teilnehmers anhand fünf grundlegender Persönlichkeitsfaktoren ermöglicht (mit jeweils 6 Unterfacetten)
Kennzeichen	– Nach wissenschaftlichen Kriterien entwickelt – Basiert auf dem aktuellen Stand der Forschung zu grundlegenden Persönlichkeitsfaktoren – Für den Einsatz in Forschung und Praxis entwickelt, nicht speziell für den Berufskontext
Umfang und Ergebnisse	– 240 Fragen, die im Ergebnis 5 Testskalen mit jeweils 6 Facetten zusammengefasst werden (Testmanual, S. 9, 34 ff.)
Antwortformat	5-stufige Antwortskala (Rating-Skala)
Besonderheiten	– Informationsblatt zu den 5 Persönlichkeitsfaktoren für Teilnehmer – Ausführliche Informationsbroschüre zu den Persönlichkeitsfaktoren und den Facetten – Drei kurze Validitäts-Kontrollfragen (Beispiel: „Ich habe mich bemüht, alle Fragen ehrlich und zutreffend zu beantworten") – Einsatz als Einzel- und Gruppentest
Einsatzgebiete	– Eingeschränkt Personalauswahl – Berufliche Beratung, Coaching, Training
Bearbeitungsdauer	ca. 30–40 Minuten, keine Zeitbegrenzung (Testmanual, S. 17)
Auswertungszeit/-arten	– Von Hand, mit dem Durchschreibebogen, ca. 10–15 Minuten („Brickenkamp", S. 967; Testmanual keine Angaben) – Mit der PC-Version (Hogrefe-TestSystem) ca. 1 Minute
Zusatz-Module	– Bekanntenbeurteilungsform (Form F) zur Fremdbild-Erfassung mit 240 Testfragen
Kosten für 15 Teilnehmer (Tn)	– Test komplett (u. a. Manual, jeweils 5 Testhefte Form F und S, 10 Antwortbogen, 5 Profilbogen): 188,– Euro – plus 10 Testhefte mit integriertem Antwortmodus: 28,– Euro – insgesamt = 216,– Euro, d. h. *ca. 14,40 Euro/Tn* – Computerversion inkl. 100 Durchführungen 980,– Euro, zzgl. 200,– Euro für die Standalone-Software, d. h. *ca. 79,– Euro/Tn*
Kosten für 100 Durchführungen	– Papierversion insges. 468,– Euro, d. h. *ca. 4,68 Euro/Tn* – Computerversion inkl. 100 Durchführungen 980,– Euro, zzgl. 200,– Euro für die Standalone-Software, d. h. *ca. 11,80 Euro/Tn*
Weitere Informationen	www.testzentrale.de

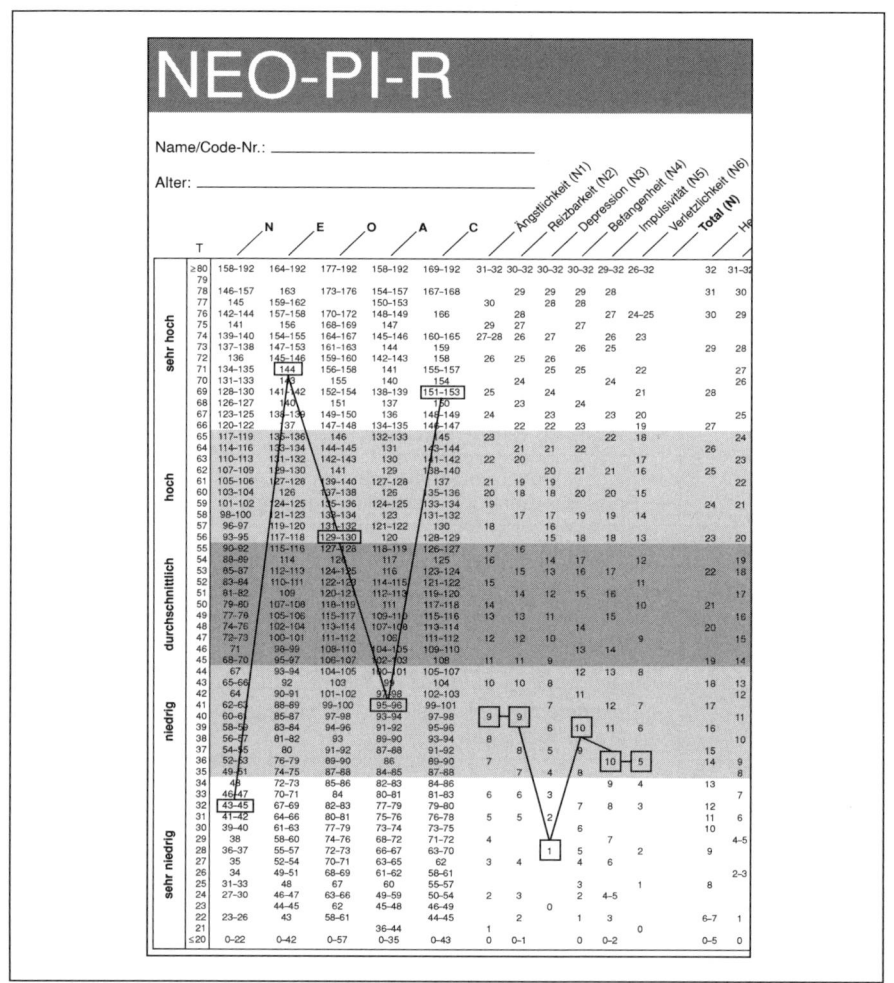

31. Ich bin leicht zu erschrecken .... (SA) (A) (N) (Ⓧ) (SZ)

32. Es macht mir *nicht* viel Spaß, mit anderen
zu plaudern .... (SA) (Ⓧ) (N) (Z) (SZ)

33. Ich versuche, mit meinen Gedanken bei
der Realitiät zu bleiben und vermeide Ausflüge ins (SA) (A) (N) (Z) (Ⓧ)
Reich der Fantasie ....

Abbildung 20:
Beispielhafte Testaussagen zum NEO-Persönlichkeitsinventar (NEO-PI-R)

Abbildung 21:
Beispielhaftes Testergebnis des NEO-Persönlichkeitsinventars (NEO-PI-R; Ausschnitt aus
dem DIN A3-formatigen Gesamtprofil der Papierversion)

N: Neurotizismus	
N1: Ängstlichkeit (Anxiety)	
Hohe Merkmalsausprägung	Geringe Merkmalsausprägung
ängstlich, angespannt, bange, beunruhigt, furchtsam, nervös, schreckhaft, unruhig	angstfrei, entspannt, furchtlos, gelassen, ruhig, seelenruhig, unerschütterlich, unerschrocken
N2: Reizbarkeit (Angry-Hostility)	
Hohe Merkmalsausprägung	Geringe Merkmalsausprägung
leicht aufgebracht, empfindlich, explosiv, frustriert, gekränkt, gereizt, heißblütig, hitzig, jähzornig, missmutig, reizbar, übellaunig, ungehalten, leicht verärgert, verbittert	ausgeglichen, nicht so schnell beleidigt und gekränkt, gleichmütig, nimmt nichts so leicht übel
N3: Depression	
Hohe Merkmalsausprägung	Geringe Merkmalsausprägung
bedrückt, bekümmert, depressiv, entmutigt, hoffnungslos, niedergeschlagen, pessimistisch, schuldbewusst, schwarzseherisch, schwermütig, selbstzweiflerisch, sorgenvoll, traurig	frohgemut, hoffnungsvoll, optimistisch, sorglos, unbekümmert, unverzagt, zuversichtlich

Abbildung 22:
Beispielhafte Interpretationshinweise zum NEO-Persönlichkeitsinventar (NEO-PI-R, Beschreibung der Facetten des Faktors Neurotizismus; Testmanual, S. 34)

Tabelle 11:
Ausgewählte Testgütekriterien des NEO-Persönlichkeitsinventars (NEO-PI-R)

Objektivität	
Durchführung	– Instruktion
Auswertung	– Im Manual festgelegt – Skalen- und Facetten-Beschreibungen werden im Manual angegeben (Testmanual, S. 32 ff.)
Interpretation	– Normen vorhanden (Testmanual, S. 193 ff.)
Reliabilität	
Cronbach's Alpha	– r = .87 bis r = .92 (Hauptskalen, Form S, N = 11.724), (Testmanual, S. 104)
Cronbach's Alpha	– r = .53 bis r = .85 (Facetten, Form S; N = 11.724), (Manual S. 105)
Retest-Reliabilitäten (5 Jahre)	– r=.74 bis r=.78 (Hauptskalen, N = 363–391) – r=.53 bis r=.78 (Facetten, N = 363–391), (Manual, S. 107)

Tabelle 11 (Fortsetzung):
Ausgewählte Testgütekriterien des NEO-Persönlichkeitsinventars (NEO-PI-R)

Validität	
Konstruktvalidität konvergente Validität	– Korrelation zwischen zwei gemittelten Fremdbeurteilungen (Form F) und der Selbstbeurteilung (Form S): Hauptskalen r = .53 bis r = .61; Facetten r = .27 bis r = .61 (N = 750, Testmanual, S. 141)
faktorielle Validität	– Hauptkomponentenanalyse mit dem GT und TPF-Skalen unterstützt die fünf Faktoren Lösung (Eigenwertverlauf 6.31, 2.91, 2.46, 2.00, 1.11 und 0.74, N = 236–243) – weitere Hauptkomponenten-Analysen u. a. mit den Verfahren BIP, LMI, MBTI, 16 PF-R, bestätigen die Faktoren-lösung des NEO-PI-R (Testmanual, S. 143 ff.)
Soziale Validität im berufsbezogenen Einsatz	– Einige Testfragen sind weit vom Beruf entfernt, so dass der Einsatz vor allem für Beratungs-/Trainingssituationen akzeptabel ist und bei Personalauswahl-/Platzierungs-projekten geprüft werden sollte

Bewertung des NEO-PI-R
Vorteile und Chancen des Tests für den Einsatz im Berufskontext
– Nach wissenschaftlichen Standards entwickelt – Frei erhältlich ohne Lizenzierungen – Beschreibt die Persönlichkeit in wichtigen Grundzügen und erlaubt es, diese Grundzüge sehr differenziert zu betrachten – Umfangreiche und aktuelle Vergleichsgruppe (Normierung) – Informationsblatt zu den fünf Persönlichkeitsfaktoren sowie Informationsbroschüre für den Teilnehmer vorhanden
Grenzen des Tests für den Einsatz im berufsbezogenen Kontext
– Einige Testfragen sind vom Berufskontext weit entfernt – Einige Testfragen sind darüber hinaus in ihrer Zielrichtung wenig transparent (z. B. Testaussage 171: Manchmal esse ich, bis mir schlecht wird). – Schriftliche Unterlagen (z. B. Report) zur Erläuterung des Ergebnisprofils sind nicht erhältlich, aber in Vorbereitung

3.2.4 Leistungsmotivations-Inventar (LMI)

LMI: Differenziertes Verfahren zur Leistungsthematik

Das Leistungsmotivations-Inventar (LMI; Schuler & Prochaska, 2001) zielt auf die Erfassung verschiedener Komponenten der Leistungsthematik im berufsbezogenen Kontext und wurde im Jahr 2001 erstmals veröffentlicht.

Die Autoren verstehen die Leistungsthematik als einen zentralen und vielschichtigen Persönlichkeitsbereich, der eng mit dem beruflichen Erfolg verknüpft ist. Auf der Grundlage vorliegender Theorien und empirischer Befunde haben Sie ein Modell verschiedener Schichten der Leistungsmotivation entworfen, das in Tabelle 12 dargestellt wird. Das Leistungsmotivationsinventar ist damit das einzige wissenschaftlich fundierte Verfahren, das den Leistungsbereich in dieser Breite und Tiefe erfasst. Inhaltliche Hauptfaktoren des Verfahrens sind nach einer Faktorenanalyse der Autoren Ehrgeiz, Unabhängigkeit und aufgabenbezogene Motivation (vgl. die Darstellung zum Verfahren in Sarges & Wottawa, 2004).

Tabelle 12:
Modell verschiedener Schichten der Leistungsmotivation nach Schuler & Prochaska
(2001, S. 10)

Schicht des Modells	Beispielhafte Inhalte
Kernfacetten	Erfolgshoffnung, Zielsetzung, Beharrlichkeit
Randfacetten	Selbstständigkeit, Statusorientierung
Theoretisch verbundene Merkmale	Attributionsneigung, Kontrollüberzeugung, Selbstvertrauen
Hintergrundmerkmale	Gewissenhaftigkeit, Neurotizismus

Empfehlung zum LMI: Durch die ausführliche, die Persönlichkeit in einem bestimmten Bereich tiefgehend betrachtende Herangehensweise empfiehlt sich dieses Verfahren für Einsätze, bei denen das Leistungsmotiv des Teilnehmers von zentraler Bedeutung ist. Dies können alle der in diesem Band besprochenen Einsatzfelder sein (z. B. Personalauswahl, -platzierung, Beratung, Coaching, Training). Hierfür ist ein qualifizierter Anwender erforderlich, der das Verfahren kennt und die Ergebnisse einordnen kann. Wenn u. a. anhand der Ergebnisse weitreichende Entscheidungen über Personen getroffen werden, sollte das LMI nur als eines von mehreren Instrumenten eingesetzt werden (Prinzip des Methodenmix in der Eignungdiagnostik; vgl. z. B. Sarges, 2001). Auf Grund der Ausführlichkeit des Verfahrens in einem Teilbereich der Persönlichkeit ist ein Einsatz dort weniger empfehlenswert, wo in einem kurzen Zeitabschnitt lediglich ein grundlegendes Verständnis für die Unterschiedlichkeit der menschlichen Persönlichkeit geschaffen werden soll (z. B. Verhaltenstrainings). Der Einsatz kann jedoch besonders sinnvoll sein, falls es sich um eine differenzierte Betrachtung der Leistungsthematik handelt.

Tabelle 13:
Kurzinformation zum Leistungsmotivationsinventar (LMI)

Art	Persönlichkeits-Struktur-Test, der anhand von 17 Skalen eine differenzierte Beschreibung der Leistungsthematik ermöglicht, unter besonderer Berücksichtigung berufsrelevanter Merkmale
Kennzeichen	– Nach wissenschaftlichen Kriterien entwickelt – Wissenschaftlich abgesicherte Inhalte – Für den Einsatz in psychologischer Forschung und Praxis, auch im Berufskontext, entwickelt – Verlangt einen qualifizierten Anwender, um sein Potenzial zu entfalten
Umfang und Ergebnisse	– 170 Items werden im Ergebnis zu 17 Testskalen zusammengefasst (10 Items pro Skala) – 30 Items insgesamt bei der LMI-Kurzversion (LMI-K)
Antwortformat	7-stufige Antwortskala (Rating-Skala)
Besonderheiten	Kurzversion mit lediglich 30 Testfragen
Einsatzgebiete	Personalauswahl und -platzierung, Beratung, Coaching, Training
Bearbeitungsdauer	– ca. 30–40 Minuten, keine Zeitbegrenzung – ca. 10 Minuten (Kurzversion)
Auswertungszeit/-arten	– Von Hand, mit Auswertungsschablonen, ca. 10 Minuten (Testmanual, S. 20) – Mit der PC-Version (Hogrefe-TestSystem) ca. 1 Minute – Testauswerteservice des Apparatezentrums des Hogrefe Verlags per Telefax/E-mail
Zusatz-Module	LMI-Kurzversion (LMI-K)

Kosten für 15 Teilnehmer (Tn)	– Papierversion:
	  – Test komplett (u. a. 20 Fragebogen, 20 Auswertungsbogen, 20 Profilbogen, 20 Fragebogen LMI-K) 274,– Euro, d. h. *ca. 18,– Euro/Tn*
	
	– Computerversion
	  – inkl. 50 Durchführungen und Manual 800,– Euro, zzgl. 200,– Euro für die Standalone-Software, d. h. *ca. 67,– Euro/Tn*
	  – Testauswerteservice *ca. 25,– Euro/Tn*

Kosten für 100 Durchführungen	– Papierversion: insges. 566,– Euro, d. h. *5,66 Euro/Tn* – Computerversion: insges. 960,– Euro zzgl. 200,– Euro für die Standalone-Software, d. h. *ca. 11,60 Euro/Tn* – Testauswerteservice *ca. 25,– Euro/Tn*
Weitere Informationen	– www.testzentrale.de – www.apparatezentrum.de

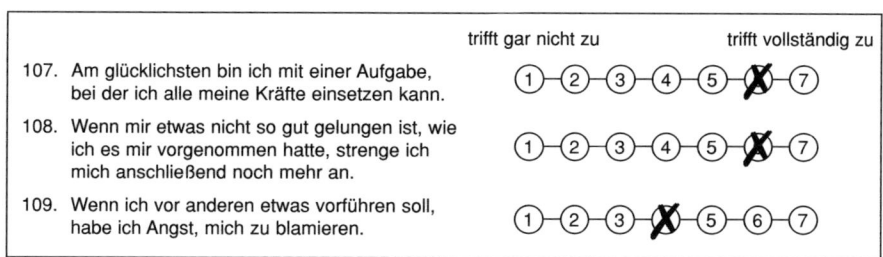

107. Am glücklichsten bin ich mit einer Aufgabe, bei der ich alle meine Kräfte einsetzen kann.
trifft gar nicht zu ①—②—③—④—⑤—⊗—⑦ trifft vollständig zu

108. Wenn mir etwas nicht so gut gelungen ist, wie ich es mir vorgenommen hatte, strenge ich mich anschließend noch mehr an.
①—②—③—④—⑤—⊗—⑦

109. Wenn ich vor anderen etwas vorführen soll, habe ich Angst, mich zu blamieren.
①—②—③—⊗—⑤—⑥—⑦

Abbildung 23:
Beispielhafte Testaussagen zum Leistungsmotivationsinventar (LMI)

LMI	Leistungsmotivationsinventar		
		Profilblatt	

Name: _____

Bemerkungen: _____

1	2	3	4	5	6	7	8	9	Stanine	SW	PR
○	○	○	○	○	○	●	○	○	Beharrlichkeit (BE)		
○	○	○	○	○	○	○	●	○	Dominanz (DO)		
○	○	○	○	○	○	○	●	○	Engagement (EN)		
○	○	○	○	○	○	○	●	○	Erfolgszuversicht (EZ)		
○	○	○	○	○	●	○	○	○	Flexibilität (FX)		
○	○	○	○	○	○	○	●	○	Flow (FL)		
○	○	○	○	○	●	○	○	○	Furchtlosigkeit (FU)		
○	○	○	○	●	○	○	○	○	Internalität (IN)		
○	○	○	○	○	○	●	○	○	Komp. Anstrengung (KA)		
○	○	○	○	○	○	○	●	○	Leistungsstolz (LS)		
○	○	○	○	○	○	○	●	○	Lernbereitschaft (LB)		
○	○	○	○	○	●	○	○	○	Schwierigkeits-präferenz (SP)		
○	○	○	○	○	●	○	○	○	Selbständigkeit (SE)		
○	○	○	●	○	○	○	○	○	Selbstkontrolle (SK)		
○	○	○	○	○	○	●	○	○	Status-orientierung (ST)		
○	○	○	○	○	●	○	○	○	Wettbewerbs-orientierung (WE)		
○	○	○	○	○	○	○	●	○	Zielsetzung (ZS)		
○	○	○	○	○	○	○	●	●	Gesamtwert (LMI)		

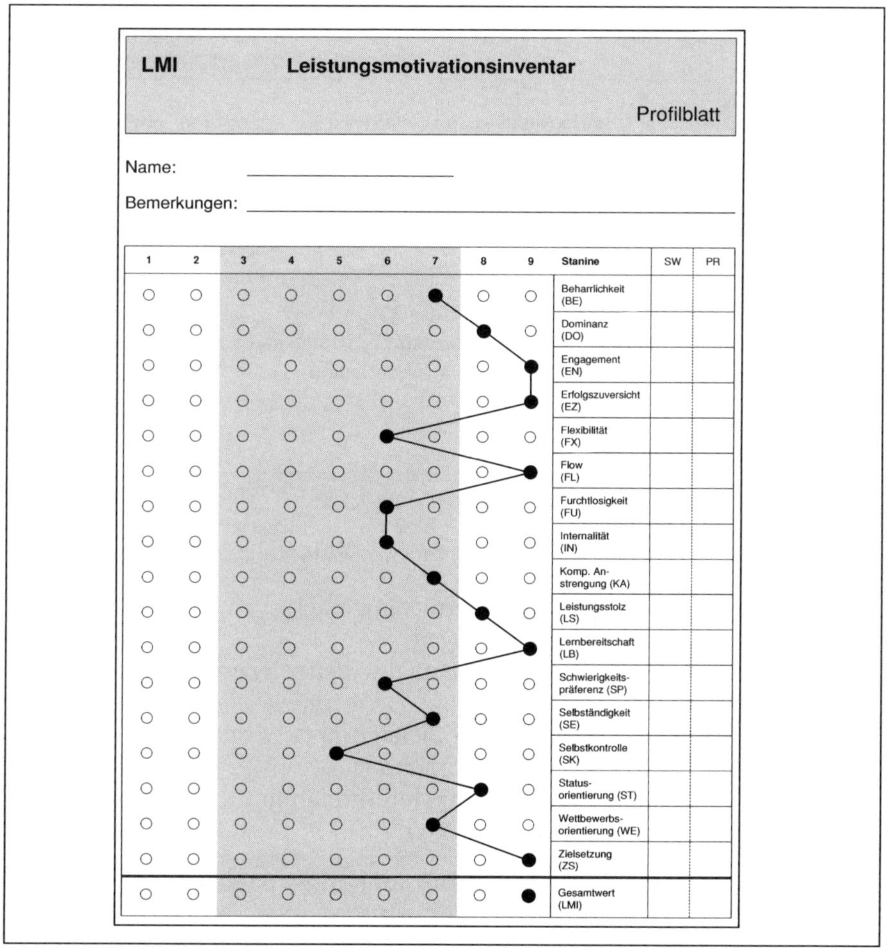

Abbildung 24:
Beispielhaftes Ergebnisprofil zum Leistungsmotivationsinventar (LMI, Papierversion)

LMI-Skala	Dimensionsbeschreibungen
Beharrlichkeit (BE) Erfasst Ausdauer und Kräfteeinsatz bei beruflichen Aufgaben. Personen mit hohen Werten sind dadurch charakterisiert, dass sie energisch und beharrlich an ihren Aufgaben arbeiten. Auftretenden Schwierigkeiten begegnen sie mit hohem Kräfteeinsatz und erhöhter Anstrengung. Sie sind im Stande, ihre volle Aufmerksamkeit auf das Geschehen zu richten, und sie lassen sich nicht davon abbringen, eine wichtige Aufgabe zu erledigen.	Ausdauernd, energisch, beharrlich, durchhaltend, entschlossen, fleißig, hartnäckig, konsequent, konstant, standhaft, stetig, unbeirrt, zäh, unermüdlich, konzentriert, wenig ablenkbar, persistent
Dominanz (DO) Beschreibt die Tendenz, Macht und Einfluss auf andere auszuüben. In der Zusammenarbeit sind Personen mit hohen Werten stark auf andere hin orientiert. Sie ergreifen die Initiative und nehmen die Dinge gern selbst in die Hand. Sie überzeugen im Auftreten und sind bereit, Verantwortung für andere zu übernehmen. In einer Arbeitsgruppe spielen sie gern eine dominierende Rolle. Sie funktionalisieren andere für den eigenen Erfolg.	Dominant, beeinflussend, lenkend, initiativ, überzeugend, bestimmend, selbstverantwortlich, verantwortungsbereit, dirigierend, führend, machtvoll, klar, schlüssig, kontrollierend, einflussreich, in Anspruch nehmend
Engagement (EN) Thematisiert die persönliche Anstrengungsbereitschaft, Anstrengungshöhe und Arbeitsmenge. Personen mit hohen Werten sind zu hohem zeitlichen Engagement bereit. Sie arbeiten viel und fühlen sich unwohl, wenn sie nichts zu tun haben. Sie sind durch ein hohes Aktivitätsniveau gekennzeichnet. Unter Umständen vernachlässigen sie wichtige andere Seiten des Lebens und werden im Extremfall von anderen als arbeitssüchtig angesehen.	Engagiert, arbeitsfreudig, emsig, geschäftig, fleißig, ambitioniert, leistungswillig, rührig, betriebsam, vital, aktiv, handelnd, unternehmend, eifrig, strebsam, lebhaft, unruhig, ehrgeizig

Abbildung 25:
Beispielhafte Interpretationshinweise zum Leistungsmotivationsinventar
(LMI, Auszug aus dem Testmanual, S. 23)

Bewertung des LMI
Vorteile und Chancen des Tests für den Einsatz im Berufskontext
– Nach wissenschaftlichen Standards entwickelt – Frei erhältlich ohne Lizenzierungen – Beschreibt die Persönlichkeit in einem wichtigen berufsrelevanten Bereich differenziert – Umfangreiche und aktuelle Vergleichsgruppen vorhanden – Kurzversion des Fragebogens vorhanden – Seminarangebote zur Anwendung/Interpretation – Testauswerteservice wird angeboten
Grenzen des Tests für den Einsatz im berufsbezogenen Kontext
– Schriftliche Unterlagen (z. B. Report) zur Erläuterung des Ergebnisprofils sind nicht erhältlich – Für den Teilnehmer gibt es keine Informationsbroschüre bzw. Anwendungshilfen

Tabelle 14:

Ausgewählte Testgütekriterien zum Leistungsmotivationsinventar (LMI)

Objektivität	
Durchführung	– Durchführungshinweise im Testmanual (Testmanual, S. 17 f.)
Auswertung	– Festgelegt im Testmanual (Testmanual, S. 20 ff.)
Interpretation	– Normierung an 1.671 Personen und mehrere Normierungs-gruppen – Fallbeispiel zur Interpretation (Testmanual, S. 22 ff.)
Reliabilität	
Cronbach's Alpha	– r = .68 bis r = .86 (N = 1.671, Testmanual, S. 38)
Retest-Reliabilität (3 Monate)	– r = .66 bis r = .82 (N = 205, Testmanual, S. 39)
Validität	
faktorielle Validität	– Eine Faktorenanalyse des LMI erbrachte eine 3-faktorielle Lösung (Ehrgeiz, Unabhängigkeit, aufgabenbezogene Motivation), Varianzaufklärung von 63 % (N = 1.671, Testmanual, S. 44)
Konstruktvalidität	– Korrelationsanalysen mit NEO-FFI: Korrelation Neurotizismus und Furchtlosigkeit r = –.66; Gewissen-haftigkeit und Selbstkontrolle r = .67 (N = 248–251, Testmanual, S. 47)
Kriteriumsvalidität	– An mehreren Variablen, z. B. Alter (r = .13),Geschlecht (r = .12), (N = 1.666–1.668) – Berufsbezogene Kriterien (z. B. Stellung in der Hierarchie und Dominanz r = .43), (N = 185, Testmanual, S. 42–52)
Soziale Validität im berufsbezogenen Einsatz	– Für den LMI wird eine gute Akzeptanz durch die Teilnehmer berichtet

3.2.5 Bochumer Inventar zur berufsbezogenen Persönlichkeitsbeschreibung (BIP)

Das Bochumer Inventar zur berufsbezogenen Persönlichkeitsbeschreibung (BIP; Hossiep & Paschen, 2003) wurde seit 1995 mit dem Ziel entwickelt, ein berufsbezogenes und umfassendes Instrument für den Einsatz im Berufskontext zur Verfügung zu stellen. Grundlage sind wissenschaftlich abgesicherte Persönlichkeitsmerkmale, die im Berufsleben von Bedeutung sind, ergänzt um häufig genannte persönlichkeitsbezogene Anforderungen von Personalpraktikern in Unternehmen. Das BIP wird vom Projektteam Testentwicklung an der Ruhr-Universität Bochum fortlaufend weiterentwickelt und um Erweiterungslösungen ergänzt. Kennzeichnend für das

BIP:
Umfassendes
Instrument für
den beruflichen
Kontext

BIP sind sein Berufsbezug, große Vergleichsgruppen von über mehreren tausend Berufstätigen sowie seine Transparenz in Testfragen und Skalen. Damit soll eine gute Verständlichkeit und Kommunizierbarkeit erreicht werden, wozu aus der Anwendungspraxis positives Feedback eingeht.

Empfehlung zum BIP: Durch die ausführliche, die Persönlichkeit umfassende Herangehensweise empfiehlt sich dieses Verfahren für Einsätze, bei denen die Persönlichkeit des Teilnehmers in Ihrer Gesamtheit berufsbezogen betrachtet werden soll (z. B. Auswahl- und Platzierungsfragen). Hierfür ist ein qualifizierter Anwender erforderlich, der das Verfahren kennt und die Ergebnisse einordnen kann. Wenn u. a. anhand der Ergebnisse weitreichende Entscheidungen über Personen getroffen werden, sollte der BIP nur als eines von mehreren Instrumenten eingesetzt werden (Prinzip des Methodenmix in der Eignungsdiagnostik; vgl. z. B. Sarges, 2001). Auf Grund der Ausführlichkeit des Verfahrens ist ein Einsatz dort weniger empfehlenswert, wo in einem kürzeren Zeitabschnitt lediglich ein grundlegendes Verständnis für die Unterschiedlichkeit der menschlichen Persönlichkeit geschaffen werden soll (z. B. einmaliges Verhaltenstraining).

Tabelle 15:
Kurzinformation zum Bochumer Inventar zur berufsbezogenen Persönlichkeitsbeschreibung (BIP)

Art	Persönlichkeits-Struktur-Test, der für den Einsatz im berufsbezogenen Bereich entwickelt wurde und die Persönlichkeit mit 14 Skalen umfassend beschreibt
Kennzeichen	– Nach wissenschaftlichen Kriterien entwickelt – Überwiegend wissenschaftlich abgesicherte Merkmale – Für den Einsatz im Berufskontext entwickelt – Verlangt einen qualifizierten Anwender, um sein Potenzial zu entfalten
Umfang und Ergebnisse	– 210 Fragen die in 14 Testskalen zusammengefasst werden; die Skalen sind in 4 Bereiche gegliedert (Berufliche Orientierung, Arbeitsverhalten, Soziale Kompetenzen, Psychische Konstitution) mit 12–16 Items pro Skala (Selbstbeschreibung) – Fremdbeschreibung, die 14 Skalen werden mit jeweils 3 Items erhoben – Schriftliche Ergebniszusammenfassung (Report) bei Computer-, Fax- und Online-Auswertung möglich
Antwortformat	6-stufige Antwortskala (Rating-Skala)
Besonderheiten	– Informationsbroschüren für die Testteilnehmer zur Erläuterung des Verfahrens/zur Einordnung der Ergebnisse – Informationsbroschüre zum Abgleich von Selbst-/Fremdbild

Einsatzgebiete	– Personalauswahl und -platzierung – Beratung, Coaching, Training
Bearbeitungs- dauer	ca. 45–60 Minuten
Auswertungs- zeit/-arten	– Von Hand, mit Auswertungsschablonen, ca. 20 Minuten – Mit der PC-Version (Hogrefe-TestSystem) ca. 1 Minute – Testauswerteservice des Apparatezentrums des Hogrefe Verlags (per Telefax/E-mail) – Online-Teilnahme über das Apparatezentrum
Zusatz-Module	Kurz-Fragebogen zur Fremdeinschätzung (42 Testfragen)

Kosten für 15
Teilnehmer (Tn)
	– Test komplett (u. a. Manual, 15 Fragebogen, 15 Summenblätter,
	  5 Fremdbeschreibungen): 498,– Euro, d. h. *ca. 33,– Euro/Tn*
	– Computerversion inkl. 35 Durchführungen: 1.800,– Euro, zzgl.
	  200,– Euro für die Standalone-Software, d. h. *ca. 133,– Euro/Tn*
	– Testauswerteservice mit Report: *ca. 68,– Euro/Tn*
	– Online-Teilnahme/-auswertung: *ca. 30–40,– Euro/Tn*

Kosten für 100
Durchführungen
	– Papierversion: insgesamt 888,– Euro, d. h. *ca. 9 Euro/Tn*
	– Computerversion (inkl. 100 Durchführungen):
	  ges. ca. 2.900,– inkl. 200,– Euro für die Standalone-Software,
	  d. h. *ca. 29,– Euro/Tn*
	– Testauswerteservice mit Report: *ca. 68,– Euro/Tn*
	– Online-Teilnahme/-auswertung: *ca. 30–40,– Euro/Tn*

Weitere Informationen	– www.testzentrale.de – www.apparatezentrum.de – Projektteam Testentwicklung, Ruhr-Universität Bochum: www.testentwicklung.de

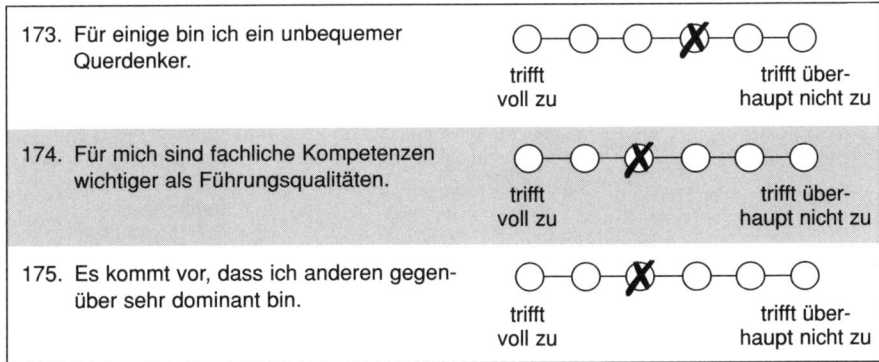

Abbildung 26:
Beispielhafte Testaussagen des Bochumer Inventars zur berufsbezogenen Persönlichkeitsbeschreibung (BIP)

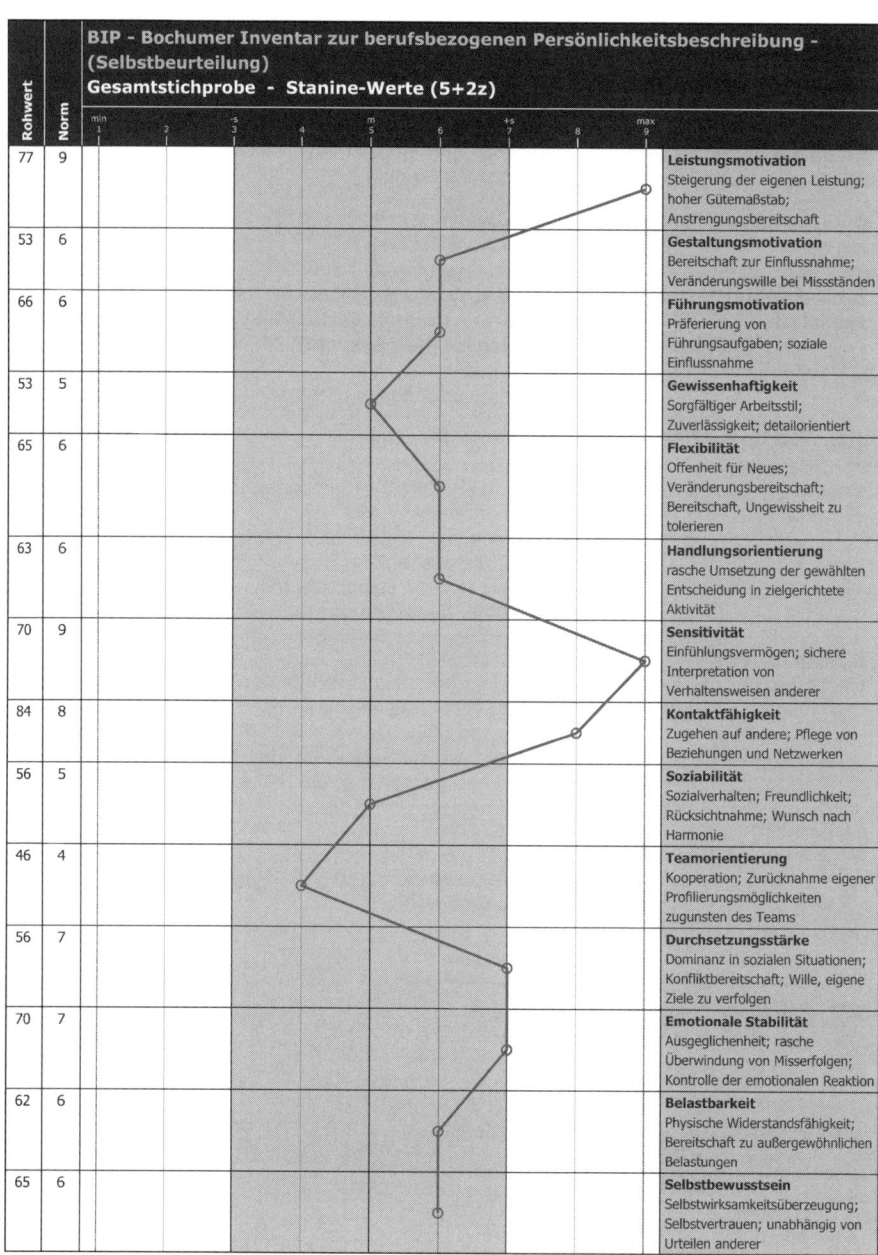

Abbildung 27:
Beispielhaftes PC-Ergebnisprofil des Bochumer Inventars zur berufsbezogenen
Persönlichkeitsbeschreibung (BIP) im Rahmen des Hogrefe-TestSystems (HTS)

68

Führungsmotivation/Hohe Skalenwerte

Für Personen mit ausgeprägtem Führungsmotiv ist es von großer Bedeutung, im Rahmen ihrer Tätigkeit auch Führungsaufgaben wahrzunehmen. Es zählt zu ihren beruflichen Zielsetzungen, die Tätigkeit anderer anzuleiten und zu koordinieren. Bei Bedarf sind sie in der Lage, in den Handlungsspielraum anderer einzugreifen. Hierbei geben sie, ohne zu zögern, die entsprechenden Anweisungen. In Gruppen sehen sie sich gern in der Leitungsfunktion und genießen es, andere für ihre Auffassungen zu begeistern und für ihren Standpunkt zu gewinnen. Sie betrachten sich als Führungspersönlichkeit und schreiben sich die für Führungskräfte typischen Merkmale zu, namentlich etwa andere zu begeistern oder Orientierung zu stiften. Personen mit einem hohen Skalenwert erleben sich in der sozialen Einflussnahme als stark und kompetent. Sie erwarten, dass man ihnen für gewöhnlich folgt.

Bei hohen Werten auf dieser Skala ist Folgendes zu überprüfen: Insbesondere wenn Führungskräfte bereits über längere Zeiträume hinweg Führungsverantwortung wahrnehmen, sind die Gelegenheiten zu offenen und realistischen Rückmeldungen hinsichtlich ihres Verhaltens häufig stark eingeschränkt. Die Skalenausprägung korrespondiert deutlich mit der tatsächlich erreichten Hierarchiehöhe, insofern wird also das für Führungskräfte typische Selbstbild abgebildet. Allerdings enthält die Skala vor allem positiv konnotierte Aspekte des Führungsverhaltens, wie etwa Begeisterungs- und Motivationsfähigkeit. Es ist nicht auszuschließen, dass es bei dieser Dimension zu gewissen Diskrepanzen in der Selbst- und Fremdwahrnehmung kommen kann. In diesem Zusammenhang können, beispielsweise im Rahmen von Coaching-Maßnahmen, durchaus auch einzelne Itembeantwortungen als Gesprächsgrundlage herangezogen und gegebenenfalls mit Fremdeinschätzungen verglichen werden.

Abbildung 28:

Beispielhafte Interpretationshinweise zum Bochumer Inventar zur berufsbezogenen Persönlichkeitsbeschreibung (BIP, Auszug aus dem Testmanual, S. 58)

Tabelle 16:

Ausgewählte Testgütekriterien des Bochumer Inventars zur berufsbezogenen Persönlichkeitsbeschreibung (BIP)

Objektivität	
Durchführung	– Anleitung zur Durchführung vorhanden
Auswertung	– Vorgegebene Auswertungsschritte
Interpretation	– Normierung vorhanden – Ausführliche Beschreibung der Skalen (Manual S. 56 ff.) – Beispielhafte Profilinterpretationen
Reliabilität	
Cronbach's Alpha	– r = .74 bis r = .91 (N = 9.139–9.294)
Split-Half	– r = .72 bis r = .91 (N = 9.139–9.294)
Retest-Reliabilität	– r = .77 bis r = .89 (8–10 Wochen, N = 108) – r = .71 bis r = .80 (5–36 Monate, N = 146) (Manual S. 30, „Brickenkamp" S. 529)

Validität	
Kriteriumsvalidität	– Multiple Korrelationen (Manual S. 91–96) – Mit dem beruflichen Entgelt: Adj. $R^2 = .15$ (N = 5.674) – Mit der hierarchischen Position: Adj. $R^2 = .16$ (N = 5.192) – Mit der eigenen Berufserfolgseinschätzung: Adj. $R^2 = .24$ (N = 5.745) – Mit der Arbeitszufriedenheit: Adj. $R^2 = .16$ (N = 4.888)
Konstruktvalidität	– Korrelationen mit entsprechenden Skalen anderer Persönlichkeitstest (EPI, NEO-FFI, 16PF-R) zwischen r = .54 bis r = .84 (Manual, S. 107–112)
Soziale Validität im berufsbezogenen Einsatz	– Befragungen zeigen Akzeptanz der Teilnehmer für Personalauswahl, Beratung und Coaching (Manual, S. 117–119) – Positiv für die Akzeptanz sind transparente Testfragen, erkennbarer Berufsbezug sowie gut kommunizierbare Testskalen

Bewertung des BIP
Vorteile und Chancen des Tests für den Einsatz im Berufskontext
– Nach wissenschaftlichen Standards entwickelt – Frei erhältlich ohne Lizenzierungen – Beschreibt die Persönlichkeit umfassend – Umfangreiche und aktuelle Vergleichsgruppen von Berufstätigen (Normierung), auch spezifische Normen wie z. B. Vertrieb, Geschäftsführer – Seminarangebote zur Anwendung/Interpretation – Testauswerteservice vorhanden – Schriftliche Ergebniszusammenfassung (Report aus Textbausteinen) zum Ergebnisprofil vorhanden – Für den Teilnehmer gibt es Informationsbroschüren
Grenzen des Tests für den Einsatz im berufsbezogenen Kontext
– Teilnehmer sollten über (erste) berufliche Erfahrungen verfügen, um die berufsbezogenen Testaussagen bewerten zu können (vom Niveau her reichen hierzu z. B. längere studienbegleitende Praktika aus)

3.2.6 DISG-Persönlichkeitsprofil

Das DISG-Persönlichkeitsprofil (Gay, 2003) ist ein in den 1960er Jahren von J. G. Geier entwickelter, aus dem amerikanischen übertragener Typentest, der u. a. in Deutschland durch den Einsatz in Trainings sehr weite Verbreitung gefunden hat. Das Verfahren basiert auf dem Modell menschlicher emotionaler Reaktionen W. M. Marstons aus dem Jahr 1928 (vgl. Kap. 2.3) und ist vor allem zur Selbsterfahrung der Teilnehmer sowie für Schulungs-/Beratungszwecke entwickelt worden. Es ist das Einzige der hier vorgestellten Verfahren, dass auch in Buchform mit Selbsttest über den Buchhandel frei zugänglich ist – es handelt sich dabei um eine unterhaltsam bebilderte, vereinfachte Variante des Tests. Nach Geiers Konzept lassen sich Menschen in ihren Reaktionen bzw. Verhaltensweisen danach unterscheiden, ob ihr Umfeld als angenehm/freundlich/positiv bzw. unangenehm/feindlich/negativ erlebt wird, und inwieweit die Person sich als stärker oder schwächer als ihr Umfeld erlebt. Aus dieser Kombination (vgl. auch Abb. 8) ergeben sich vier Reaktionsmuster, die in der aktuellen deutschen Fassung wie folgt bezeichnet werden:

DISG:
Populärer
Typen-Test mit
anschaulichen
Ergebnissen

Tabelle 17:
Vier Typen menschlicher Reaktion beim DISG-Persönlichkeitsprofil

Wahrnehmung des Umfelds als…	Wahrnehmung der eigenen Person als…	Reaktion bzw. Verhaltenstendenz (dt. Beschreibung gem. Fragebogen, Fassung 2004)
Unangenehm/feindlich/negativ	Stärker als das Umfeld	**D**ominanz (Aktiv und entschlossen)
	Schwächer als das Umfeld	**G**ewissenhaftigkeit (Diszipliniert und besorgt)
Angenehm/freundlich/positiv	Stärker als das Umfeld	**I**nitiative (Gesprächig und offen)
	Schwächer als das Umfeld	**S**tetigkeit (Unterstützend)

Um den DISG-Fragebogen einzusetzen und auszuwerten, muss der Anwender eine Autorisierungsschulung bei dem deutschen Rechteinhaber, der Beratungsgesellschaft persolog GmbH absolvieren, und erhält dann eine Computer-Auswertungssoftware. Während der Lizensierung werden auch weitere, auf DISG-Modell bezogene Module vorgestellt, die für einen Einsatz in unterschiedlichen Trainingsbereichen entwickelt worden sind (z. B. Vertrieb oder Zeitmanagement). Die Unterlagen zum DISG-Persönlichkeitsprofil zeichnen sich durch zwei Besonderheiten aus: Zum einen enthält der Teilnehmerfragebogen eine Auswertungsanleitung, mit der Teilnehmer ihre Ergebnisse selbst (z. B. im Seminar) auswerten können. Zum zweiten wird der Anwender in dieser Broschüre durch mehrere Interpretationsstufen geleitet, die verschiedene Aspekte des Ergebnisses thematisieren. Dabei finden sich allgemeine Beschreibungen seines Ergebnistyps, Platzierungshinweise und Tipps zum Selbstmanagement. Diese Informationen werden bei anderen Typentests häufig in einem längeren Ergebnisreport zusammmgefasst. Der Vorteil der Eingliederung in den Teilnehmerfragebogen ist für Trainings die Möglichkeit zur selbstgesteuerten Durcharbeitung der eigenen Testergebnisse, was wiederum in Trainings aus administrativen Gründen hilfreich ist.

Empfehlung zum DISG: Durch die Kürze des DISG und die wenigen Persönlichkeitsmerkmale empfiehlt sich dieses Verfahren für Einsätze, bei denen in einem kürzeren Zeitabschnitt ein grundlegendes Verständnis für die Unterschiedlichkeit der menschlichen Persönlichkeit geschaffen werden soll (z. B. Verhaltenstrainings). Hierzu trägt auch die unterhaltsame Darbietungsform des DISG bei, die das Verständnis der Ergebnisse unterstützt. Nicht zuletzt ist die aktuelle Aufbereitung des Verfahrens praxisorientiert und ermöglicht ein selbstgesteuertes Durcharbeiten von Test und Ergebnissen. DISG empfiehlt sich aus den gleichen Gründen weniger für Prozesse, bei denen eine große inhaltliche Tiefe erforderlich ist, weil weitreichende Entscheidungen über Personen getroffen werden sollen (z. B. Auswahl- und Platzierungsfragen). Ein Einsatz sollte dort ggf. nur ergänzend zu differenzierteren Verfahren erfolgen.

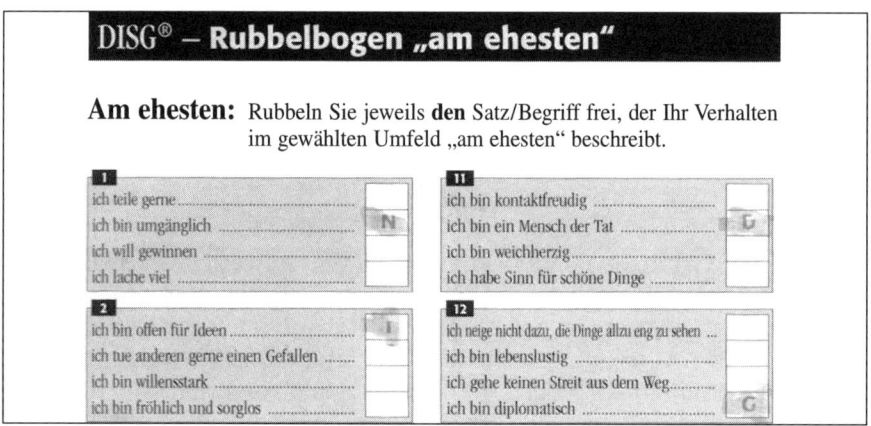

Abbildung 29:
Beispielhafte Testfragen des DISG-Persönlichkeitsprofils (aus dem Teilnehmerfragebogen, S. 3, „Am ehesten", Fassung 2004)

Tabelle 18:

Kurzinformation zum DISG-Persönlichkeitsprofil (deutsche Fassung des DISG-Fragebogens, 2004)

Art	Typen-Test, der anhand von 2 Dimensionen vier Persönlichkeitsmerkmale/4 Typen und verschiedene normierte Profile ableitet. DISG ermöglicht damit eine schnelle, die Persönlichkeit grob umfassende Beschreibung des Teilnehmers
Kennzeichen	– Nach wissenschaftlichen Kriterien entwickelt – Zu Grunde liegende Merkmale sind wissenschaftlich relevant – Für den Einsatz zur Selbsterfahrung und in Schulungen/Teamtrainings entwickelt, auch für den Berufskontext – Benötigt für den Einsatz im Trainingsbereich keine tiefgehenden Erfahrungen über die Autorisierungsschulung hinaus
Umfang und Ergebnisse	– Die Bewertungen bei 2 x 24 Wortgruppen werden zu einem von 4 Ergebnistypen zusammengefasst (D-I-S-G) – Aus den Ergebnissen lässt sich eine von 20 normierten Profilkombinationen zuordnen, zu der danach umfangreiche Erläuterungen gegeben werden
Antwortformat	Forced-choice-Auswahl zwischen den „am ehesten" (das Verhalten) und „am wenigsten" (das Empfinden) treffenden Begriffen
Besonderheiten	– DISG ist zur Selbstanalyse in Buchform frei erhältlich (gegenüber dem Fragebogen vereinfachte Version, vgl. Gay, 2003) – Bücher zu verschiedenen Lebensbereichen beschreiben DISG als Selbsterfahrungsinstrument (z. B. zur Elternschaft) – Fragebogen wird durch den Teilnehmer selbst ausgewertet – Teilnehmer wird in mehreren Stufen durch die Interpretationshinweise zu seinem Ergebnis geführt (u. a. zu Selbstmanagement und Hinweise zur Weiterentwicklung)
Einsatzgebiete	– Beratung, Coaching – Schulungen (hierzu liegen verschiedene Zusatzmodule vor)
Bearbeitungsdauer	ca. 10–15 Minuten
Auswertungszeit/-arten	– Mit dem Buch zur Selbstanalyse ca. 10 Minuten; – Selbstauswertung durch den Teilnehmer: 10–15 Minuten – Auswertung mit Trainersoftware: ca. 15 Minuten
Zusatz-Module	– Für die Einbindung in Trainings liegen verschiedene Module vor (u. a. Verkauf/Service, Zeitmanagement, Führung) – DISG-Stellenprofil zur Anforderungsbeschreibung – Fremdeinschätzung (z. B. für Anforderungsanalyse) – Online-Test mit direkter Auswertung – Umsetzungshilfen für die Anwendung der Ergebnisse im Alltag (z. B. Checklisten, Strategieplaner)

Tabelle 18 (Fortsetzung):
Kurzinformation zum DISG-Persönlichkeitsprofil (deutsche Fassung des
DISG-Fragebogens, 2004)

Kosten für 15 Teilnehmer (Tn)	– Unterschiedliches Preisniveau je nach DISG-Version – Papierfragebögen DISG-Persönlichkeitsprofil für autorisierte Trainer ca. 330,– Euro, d. h. *ca. 22,– Euro/Tn* (ohne weitere Adaptationsmaterialien) – Onlineauswertung: Je nach Umfang *ca. 65–80,– Euro/Tn*
Kosten für 100 Durchführungen	– Papierversion *ca. 22,– Euro/Tn* – Onlineversion: Je nach Umfang *ca. 65–80,– Euro/Tn*
Weitere Informationen	www.persolog.com

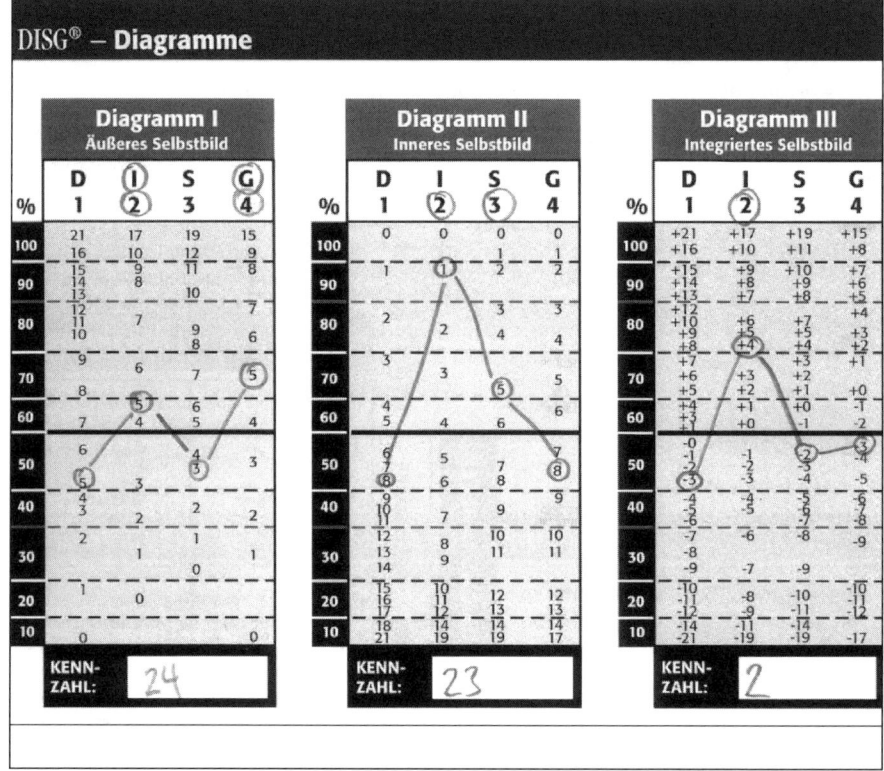

Abbildung 30:
Beispielhaftes Ergebnisprofil des DISG-Persönlichkeitsprofils
(aus dem Teilnehmerfragebogen, S. 4, Fassung 2004)

Interpretationsstufe 1 –DISG® verstehen

I   INITIATIVE (GESPRÄCHIG UND OFFEN)

Menschen mit initiativer Verhaltenstendenz betrachten das Umfeld als ange-
nehm (nicht stressig). In ihren Augen besteht es hauptsächlich aus Menschen, die
ermutigt und angespornt werden müssen.
Sie sind aufgeschlossen, freundlich und
überzeugend. Menschen mit initiativen
Verhaltenstendenzen haben die folgenden
Kennzahlen: 2, 21, 23, 24, 123.

I Ziel

Das Umfeld formen; andere einbinden,
um Ergebnisse zu erzielen.

I Grundbedürfnis
Akzeptiert zu werden.

I Motivation
Möglichkeit, Spaß zu haben; die Gefühle
anderer verstehen; mit Menschen umge-
hen; Angst unterdrücken, indem sie in
Bewegung bleiben und Zeit und Mühe
nicht aufrechnen.

I Grundangst
Benachteiligt zu werden.

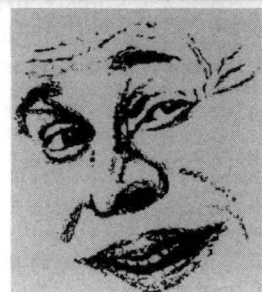

Abbildung 31:
Beispielhafter Interpretationshinweis (Stufe 1 von 7) zum Ergebnistyp des DISG-
Persönlickeitsprofils (aus dem Teilnehmerfragebogen, S. 7, Fassung 2004)

Tabelle 19:
Ausgewählte Testgütekriterien des DISG-Persönlichkeitsprofils (Angaben aus Gay, 2003
und Mitteilungen der persolog GmbH)

Objektivität	
Durchführung	– Schriftliche Anleitung im Fragebogen
Auswertung	– Schriftliche Anleitung im Fragebogen
Interpretation	– 20 normierte Profilkombinationen sind im Fragebogen abgebildet; dem Teilnehmer werden Hinweise zur Bedeutung gegeben
Reliabilität	
Cronbach's Alpha: (der 4 Merkmale)	– r = .82 bis r = .92 (N = 111)
Retest (40 Tage)	– r = .82 (N = 450, Gay, 2003, S. 138 f.)
Validität	
Konstruktvalidität	– Korrelationsstudie mit 16 PF: r = .54 bis .62 für ähnliche Inhaltsbereiche (N = 103; Kaplan, 1983)
Soziale Validität im berufsbezogenen Einsatz	– Die Testfragen sind im Berufskontext angemessen. Die transparente Aufbereitung der Inhalte ist für die soziale Validität förderlich

Bewertung des DISG-Fragebogens
Vorteile und Chancen des Tests für den Einsatz im Berufskontext
– Nach wissenschaftlichen Standards entwickelt – Einfache Version des DISG-Fragebogens in Buchform frei zugänglich (mit Auswertung und Interpretationshinweisen) – Diverse weitere Veröffentlichungen zum Verständnis des Instrumentes und der Ergebnisse erhältlich – Bietet eine Umschreibung der Persönlichkeit in zwei beruflich relevanten Merkmalen – Trainingsbezogene Aufbereitung des Materials hinsichtlich einfacher Anwendbarkeit und guter Verständlichkeit (z. B. Hinweise zur Selbstinterpretation für Teilnehmer) – Seminarangebote zur Anwendung/Interpretation (allerdings verpflichtend vor Einsatz des Fragebogens) – Diverse Zusatzmodule für unterschiedliche Trainingsbereiche verfügbar
Grenzen des Tests für den Einsatz im berufsbezogenen Kontext
– Autorisierungsschulung erforderlich vor Einsatz des DISG-Fragebogens – Geringe Anzahl von Persönlichkeitsmerkmalen, die sich vor allem auf den sozial-interaktiven Bereich beziehen

3.2.7 pro facts (Multimedia-Assessment)

Pro Facts: Modulares Verfahren mit berufsnaher Nutzeroberfläche

Pro facts entstand als „Assessment am PC" mit der Zielsetzung, die Objektivität von standardisierten Testverfahren mit dem Praxisbezug und der Anforderungsnähe der Assessment Center-Methodik zu verbinden (vgl. dazu auch Etzel & Küppers, 2002). Auch pro facts fordert den Teilnehmer u. a. auf, Aussagen zu bewerten und zieht daraus Rückschlüsse auf die Ausprägung von Persönlichkeitsmerkmalen. Es bettet die Fragen jedoch in ein Unternehmensszenario ein, wobei der Teilnehmer sich in einen Mitarbeiter des Unternehmens hineinversetzen soll (vgl. Abb. 32). Eine weitere Besonderheit ist die anforderungsbezogene Kombination von Testmerkmalen, z. B. auch aus dem Bereich Problemlösen/Logisches Denkvermögen. Es liegt z. B. ein Modul „Business & Decision" vor, das die in Abbildung 33 gezeigten Inhaltsbereiche umfasst. Insgesamt können derzeit etwa 60 Kompetenzbausteine eingesetzt werden.

Empfehlung zu pro facts: Durch die anforderungsbezogene, die Persönlichkeit umfassende Herangehensweise empfiehlt sich dieses Verfahren für Einsätze, bei denen die Persönlichkeit des Teilnehmers in Bezug auf bestimmte berufsrelevante Bereiche betrachtet werden soll. Durch die Flexibilität der Anwendung und die Auswertungshilfen ist pro facts im gesamten Spektrum von Personalauswahl und -platzierung, Beratung, Training und Coaching einsetzbar (z. B. auch als Vorauswahl-Instrument in der Personalauswahl). Hierfür ist ein qualifizierter Anwender erforderlich, der das Verfahren kennt und die Ergebnisse einordnen kann. Allerdings ist es auch bei pro facts wichtig, die Ergebnisse in ihrem Zustandekommen zu hinterfragen und im Gespräch näher zu beleuchten. Entscheidungen sollten daher auch bei Personalauswahl-/Platzierungsfragen nicht auf die Ergebnisse von pro facts allein gestützt werden, wie dies auch für reine Selbsteinschätzungsverfahren anzuraten ist (Prinzip des Methodenmix in der Eignungsdiagnostik, vgl. Sarges, 2001).

Tabelle 20:
Kurzinformation zu pro facts

Art	Computerbasiertes Verfahren, das im Rahmen eines Unternehmensszenarios unterschiedliche berufsbezogene Persönlichkeitsmerkmale erfassen kann. Hierzu werden Selbsteinschätzungsfragen u. a. mit Leistungsproben (z. B. Aufgaben zum logischen Denkvermögen) kombiniert
Kennzeichen	– Nach wissenschaftlichen Kriterien entwickelt – Wissenschaftliche abgesicherte, tätigkeitsbezogene Inhalte – Für den Einsatz im Berufskontext entwickelt – Verlangt einen qualifizierten Anwender zur Zusammenstellung, Bestimmung der Anforderungshöhe sowie Interpretation
Umfang und Ergebnisse	– Etwa 60 Kompetenzbausteine können kombiniert werden – Einzelne Module bieten sich für bestimmte berufliche Aufgaben an, z. B. *Business & Decisions* für Managementaufgaben, *Sales & Communication* für Vertriebsaufgaben – Bearbeitungsdauer des Moduls *Business & Decisions* (vgl. Abb. 32–34: etwa 30–40 Minuten) – Das Ergebnisprofil zeigt die Ausprägung des Merkmals in Bezug auf eine Referenzgruppe und kann durch einen Ergebnisreport ergänzt werden (z. B. mit Leitfragen für Interview oder Coaching sowie Selbstmanagement-Hinweisen; vgl. z. B. Abb. 34)
Antwortformat	Kombination mehrerer Antwortformate: – Mehrstufige Ratingskalen (vgl. Abb. 32) – Forced-Choice-Skalen – Multiple-Choice-Skalen
Besonderheiten	– Durchführung nur am PC oder im Internet möglich – Einbettung aller Aufgaben in ein Unternehmensszenario – Tätigkeitsbezogene Module, die Persönlichkeitsmerkmale und berufliche Kompetenzen kombiniert erfassen – Auswahl bestimmter Merkmale und Kombination möglich – Unterschiedliche Optionen für die Ergebnisdarstellung möglich (z. B. Portfolio zum Vergleich von Teilnehmern)

Tabelle 20 (Fortsetzung):
Kurzinformation zu pro facts

Einsatzgebiete	– Personalauswahl und -platzierung – Beratung, Coaching, Training
Bearbeitungs- dauer	ca. 30 Minuten für 10 Merkmale (vgl. z. B. Abb. 33)
Auswertungs- zeit/-arten	– Computerbasierte Durchführung und Auswertung: je nach Modul – Online-Durchführung mit direkter Online-Auswertung
Zusatz-Module	Module: Business & Decisions (Managementaufgaben) – Sales & Communication (Vertriebsaufgaben) – Ca$h & Service (Serviceaufgaben) – Pills & Pearls (Medizin/Pharmabranche) – Bits & Bytes (IT-Aufgaben) – Management-Arbeitsprobe (Postkorb- u. Problemlösungs- aufgaben) Weitere pro facts-Programmteile: – pro facts Coaching (Coaching-Prozesse) – pro facts 360-Grad-Assessment (Feedbackprozesse)
Kosten für 15 Teilnehmer (Tn)	Je nach Anzahl der erfassten Merkmale ca. 24–144,– €/Tn
Kosten für 100 Durchführungen	Je nach Anzahl der erfassten Merkmale ca. 24–144,– €/Tn
Weitere Informationen	– www.profacts.de – www.apparatezentrum.de

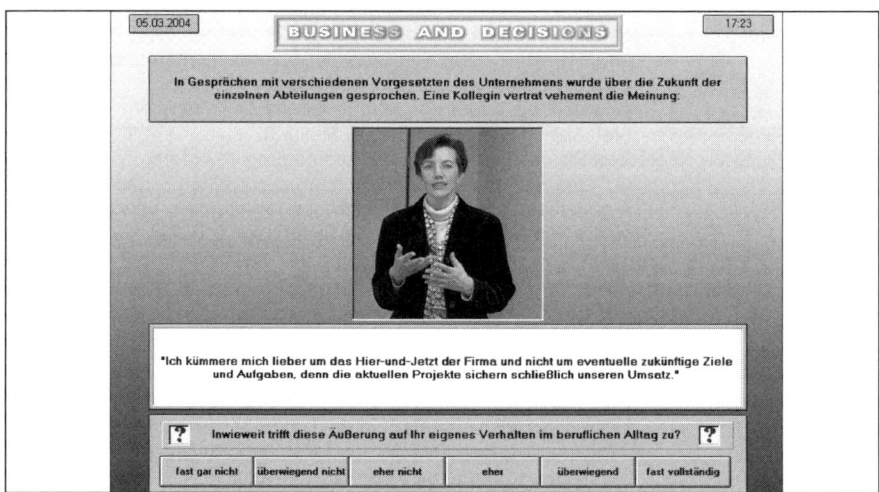

Abbildung 32:
Beispielhafte Testfrage aus dem pro facts-Modul „Business and Decisions"

Belastbarkeit: bedeutet, sich auch bei Hektik und hoher Arbeitsbelastung nicht aus der Ruhe bringen zu lassen, sondern anstehende Arbeiten systematisch und konzentriert anzugehen. Belastbare Personen bleiben auch im Falle von Schwierigkeiten und Misserfolgen optimistisch und versuchen die Probleme aktiv zu bewältigen.   `[ ][ ][ ][ 4 ][ ]`   Info

Leitbilder und Visionen vermitteln: bedeutet, dass die Führungskraft den Mitarbeitern eine Vision vermittelt, die als Leitbild bei der Formulierung der Ziele der Arbeitseinheit dient. Die so vermittelte strategische Ausrichtung bestimmt dann das taktische und operative Vorgehen und bewirkt, dass alle Mitarbeiter auf ein gemeinsames Ziel hinarbeiten.   `[ ][ ][ ][ 4 ][ ]`   Info

Soziale Intelligenz: beinhaltet, schnell mit anderen Personen Kontakte zu knüpfen und leicht mit ihnen ins Gespräch zu kommen. Über die Sachebene hinaus stellen Personen mit einer hohen Ausprägung in dieser Dimension immer auch einen persönlichen Kontakt zu ihrem Gegenüber her. Beim Umgang mit Mitarbeitern können sie dadurch meistens eine partnerschaftliche Arbeitsatmosphäre schaffen.   `[ ][ ][ ][ 5 ]`   Info

Ziele entwickeln und festlegen: bedeutet, dass die Führungskraft gemeinsam mit den Mitarbeitern die Ziele der Arbeitseinheit abstimmt. Was in welcher Zeit und unter welchen Bedingungen erreicht werden soll, wird eindeutig festgelegt. Durch die Beteiligung der Mitarbeiter wird bewirkt, dass diese motiviert sind, Verantwortung für die Zielerreichung zu übernehmen.   `[ ][ ][ ][ 4 ][ ]`   Info

Eigenverantwortlichkeit: bedeutet, dass man berufliche Erfolge oder Misserfolge auf das eigene Verhalten und Handeln zurückführt und sie nicht anderen Personen oder Zufällen zuschreibt.   `[ ][ ][ 3 ][ ][ ]`   Info

Unternehmerisches Denken und Handeln: bedeutet, neue Wege in der Wertschöpfung für das Unternehmen zu gehen. Dabei wird auf die Kosten-Nutzen-Relationen und ein angemessenes Risikomanagement geachtet.   `[ ][ ][ 3 ][ ][ ]`   Info

Lernbereitschaft: heißt, großes Interesse für neue Sachverhalte und Problemlösungen zu haben. Man versucht, sein Wissen ständig zu erweitern und ist bereit, Vorschläge und Kritik von anderen Personen anzunehmen, um sich selbst weiterzuentwickeln.   `[ ][ ][ ][ 4 ][ ]`   Info

Eigeninitiative fördern: bedeutet, dass die Führungskraft die Eigeninitiative der Mitarbeiter fördert und diese zu selbständigem Engagement ermuntert. Die Führungskraft schafft eine Atmosphäre, in der kreative und innovative Ideen und Produkte erwünscht sind. Selbständig versuchen die Mitarbeiter, Produkte und Prozesse zu verbessern.   `[ ][ 2 ][ ][ ][ ]`   Tipp

Entscheidungsbeteiligung: bedeutet, Mitarbeiter an wichtigen Prozessen teilhaben zu lassen und ihnen zu ermöglichen, dass sie eigene Vorschläge einbringen.   `[ ][ ][ 3 ][ ][ ]`   Info

Problemlösen: bedeutet, die wesentlichen Informationen zu erkennen und daraus geeignete Maßnahmen abzuleiten, um ein Ziel zu erreichen. Dazu ist es notwendig zu erfassen, wie Teile eines Problems logisch zusammenhängen.   `[ ][ 2 ][ ][ ][ ]`   Tipp

`[ Zurück ]`   `[ Drucken ]`   `[ Beenden ]`

Abbildung 33:
Beispielhaftes Ergebnisprofil aus dem pro facts-Modul „Business and Decisions"
(Onlineauswertung für den Teilnehmer nach Internet-Bearbeitung)

Belastbarkeit: bedeutet, auch bei Ereignissen zuversichtlich zu bleiben, die anders als erhofft verlaufen. Belastbare Mitarbeiter bleiben auch in solchen Fällen optimistisch und streben aktiv einen positiven Ausgang der Situation an.

			5

Anforderung: Herr Clever sah sich verschiedenen belastenden Situationen gegenüber. So erfuhr er zum Beispiel, dass er einen wichtigen Kunden verloren hatte. Er sollte dann angeben, wie derartige Misserfolge auf ihn wirken und wie er mit ihnen umgeht.

Ergebnis: Herr Clever reagierte auf belastende Situationen sehr zuversichtlich. Solche Misserfolge forderten ihn heraus. Er war dann bestrebt, die Verluste wieder auszugleichen.

Einordnung: Herr Clever gehört zu einer Gruppe von 21 % der Vergleichsstichprobe. 79 % der Stichprobe bewerteten derart belastende Situationen pessimistischer als Herr Clever.

Niedrige Ausprägung		**Hohe Ausprägung**

Potenzielle Stärken

- Spürt eher, wann Situationen zu eskalieren drohen
- Sucht bei Hindernissen nach alternativen Möglichkeiten
- Grenzt sich ab

Potenzielle Schwächen

- Macht viele Fehler bei hoher Belastung
- Verliert schnell die Ruhe bzw. den „roten Faden"
- Ist zu sehr mit sich beschäftigt

Potenzielle Stärken

- Kann auch in stressigen Situationen ruhig und überlegt handeln
- Schafft Ruhe und Ordnung im Chaos
- Gibt anderen Orientierung und Halt

Potenzielle Schwächen

- Erkennt durch die „optimistische Brille" möglicherweise drohende Krisen nicht
- Fühlt sich zu wenig in andere ein
- Zieht zuviel auf sich

Abbildung 34:
Interpretationshinweise zu einer Skala aus dem pro facts-Modul „Business and Decisions"
(aus einem Beispiel-Ergebnisreport)

Tabelle 21:

Ausgewählte Testgütekriterien von pro facts

Objektivität	
Durchführung	– Computergestützte Darbietung der Aufgaben sowie Auswertung
Auswertung Interpretation	– Unterschiedliche Vergleichsgruppen vorhanden
Reliabilität	
Cronbach's Alpha	– r = .46 bis r = .91 (N = 9.857)
Validität	
Konstruktvalidität	– Korrelationen zwischen pro facts-Skalen und inhaltlich ähnlichen Testskalen aus Persönlichkeitstests (NEO-PI-R) von r = .55 bis .93.
Kriterienvalidität	– pro facts-Merkmale und Berufserfolgskriterien: r = .42 bis .76 (N = 338)
Soziale Validität im berufsbezogenen Einsatz	– Positiv für die Akzeptanz sind tätigkeitsbezogene Merkmale, transparente Testfragen, erkennbarer Berufsbezug sowie die Einbettung in ein Unternehmensszenario

Bewertung von pro facts
Vorteile und Chancen des Tests für den Einsatz im Berufskontext
– Nach wissenschaftlichen Standards entwickelt – Frei erhältlich ohne Lizenzierungen – Beschreibt die Persönlichkeit umfassend – Aktuelle Vergleichsgruppe (Normierung) – Schriftliche Unterlagen (Report) mit Hinweisen für den Teilnehmer und zum weiteren Umgang mit den Testergebnissen vorhanden – Seminare zur Anwendung werden angeboten
Grenzen des Tests für den Einsatz im berufsbezogenen Kontext
– Ist an PC bzw. Internet als Durchführungsmedium gebunden – Durch die Forced-Choice-Antwortskalen besteht z. T. wenig Möglichkeit für den Teilnehmer, eine differenzierte Selbstbeschreibung zum jeweiligen Sachverhalt vorzunehmen – Ergebnisse sollten genauso im Gespräch hinterfragt werden, wie bei anderen Persönlichkeitstests auch

3.3 Einführung im Unternehmen

3.3.1 Rechtliche Rahmenbedingungen

Schutz von Persönlichkeits- rechten

Der Arbeitgeber ist verpflichtet, die Persönlichkeit des Bewerbers zu achten. Ein Verstoß gegen diesen Grundsatz wäre der Einsatz von Testverfahren, die gegen das allgemeine Persönlichkeitsrecht verstoßen. Es handelt sich hierbei nur um sog. Richterrecht. Der Verstoß liegt bei Eingriff in die Individual-, Privat- oder Intimsphäre vor (vgl. Abb. 35). Je tiefer liegend die jeweilige Ebene ist, umso stärker ist sie gesetzlich geschützt. Beim Einsatz, spätestens aber bei Auswertung und Interpretation von Persönlichkeitstests liegt ein Eingriff in das allgemeine Persönlichkeitsrecht in der Regel vor. Dieser Eingriff ist jedoch dann gerechtfertigt, wenn der Bewerber in die psychologische Begutachtung einwilligt. Die Einwilligung erfolgt durch schlüssiges Verhalten und Teilnahme, eine schriftliche Erklärung ist in der Praxis ausgesprochen unüblich. Zur rechtsgültigen Einwilligung gehört von Seiten der durchführenden Institution im Vorfeld die korrekte Aufklärung über Art und Umfang der Untersuchung. Erfolgt dies nicht, ist die Einwilligung nicht rechtsgültig. Die Einwilligung ist auch dann rechtsungültig, wenn der Test in unangemessener Weise in die Intimsphäre eindringt.

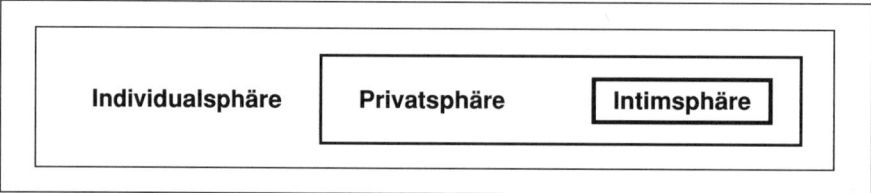

Abbildung 35:
Schichtenmodell der Persönlichkeit im Rahmen des allgemeinen Persönlichkeitsrechts
(Hossiep et al., 2000, S. 47)

1. Die Durchführung von Persönlichkeitstests ist nur zulässig, wenn ...

- der Bewerber eingewilligt hat. Dazu gehört, dass dem Bewerber über Art und Umfang des Verfahrens sowie bezüglich der Folgen des Eingriffs in sein Persönlichkeitsrecht zutreffende Vorstellungen vermittelt worden sind. Ist die Bedeutung des Testergebnisses für die Personalauswahl in einer Auswahlrichtlinie nach § 95 Betriebsverfassungsgesetz (BetrVG) geregelt, ist der Bewerber darüber zu informieren.
- arbeitsplatzbezogene Merkmale erfasst werden bzw. wenn nachgewiesen werden kann, dass die erhobenen Merkmale für den Arbeitsplatz von Bedeutung sind.

2. Eingesetzt werden dürfen nur Verfahren, die ...

– nicht in die Intimsphäre eingreifen/eindringen (z. B. religiöse oder se-
  xuelle Neigungen erfragen/prüfen).
– objektiv betrachtet arbeitsplatzbezogen sind (also nur, wenn die interessierenden Personenmerkmale relevant für die Erfüllung der Tätigkeits-
  anforderungen sind).
– mit wissenschaftlichen Methoden ihre Zuverlässigkeit bewiesen haben.

3. Dem Arbeitgeber bzw. Auftraggeber darf mitgeteilt werden:

– Das Eignungsurteil.
– Eine ausführliche Begründung (rechtlich nicht eindeutig; in der Praxis
  häufig in Form von (Kurz-)Gutachten).
– Es darf *nicht* das gesamte Untersuchungsmaterial ausgehändigt werden
  (bei Durchführung durch Psychologen).

4. Mitbestimmung des Betriebsrates:

– Zur Klärung der Mitbestimmungsrechte der Personal- bzw. Arbeitneh-
  mervertretungen kommt es darauf an, ob Tests als Personalfragebogen,
  allgemeine Beurteilungsgrundsätze, oder Auswahlrichtlinie anzusehen
  sind.
– Mitbestimmungsrechte können sich nur dann ergeben, wenn die betroffenen Arbeitnehmer keine leitenden Angestellten im Sinne des BetrVG
  sind.
– Einige psychometrische Tests können unter bestimmten Umständen mit-
  bestimmungsfrei sein, wenn Sie von Psychologen durchgeführt werden.
– Gemäß § 94 BetrVG darf der Arbeitgeber ohne Mitbestimmung des
  Betriebsrates einzelne mündliche psychologische Tests in Einzelfällen
  durchführen, aber nicht als Teil eines allgemeinen Einstellungsverfah-
  rens (z. B. nicht als standardisiertes Interview oder mündliches Assessment Center). Wenn Äußerungen des Bewerbers schriftlich festgehalten
  werden, ist der Betriebsrat mitbestimmungsberechtigt.

Zur Frage der Mitbestimmungspflichtigkeit gibt Abbildung 36 eine Ent-
scheidungshilfe.

3.3.2 Einbindung der Arbeitnehmervertretung

Die Einbindung der Arbeitnehmervertretung ist nach allen Erfahrungen in
zahlreichen Unternehmen als ein kritischer Erfolgsfaktor für den erfolgreichen Testeinsatz zu werten. Aus dem vorherigen Abschnitt zum rechtlichen
Rahmen ergibt sich ohnehin, dass der Betriebsrat bzw. der Personalrat in
vielen Einsatzfällen eingebunden werden muss. Auch in den Sonderfällen,

**Unerlässlich:
Aufklärung und
Einbindung der
Arbeitnehmer-
vertretung**

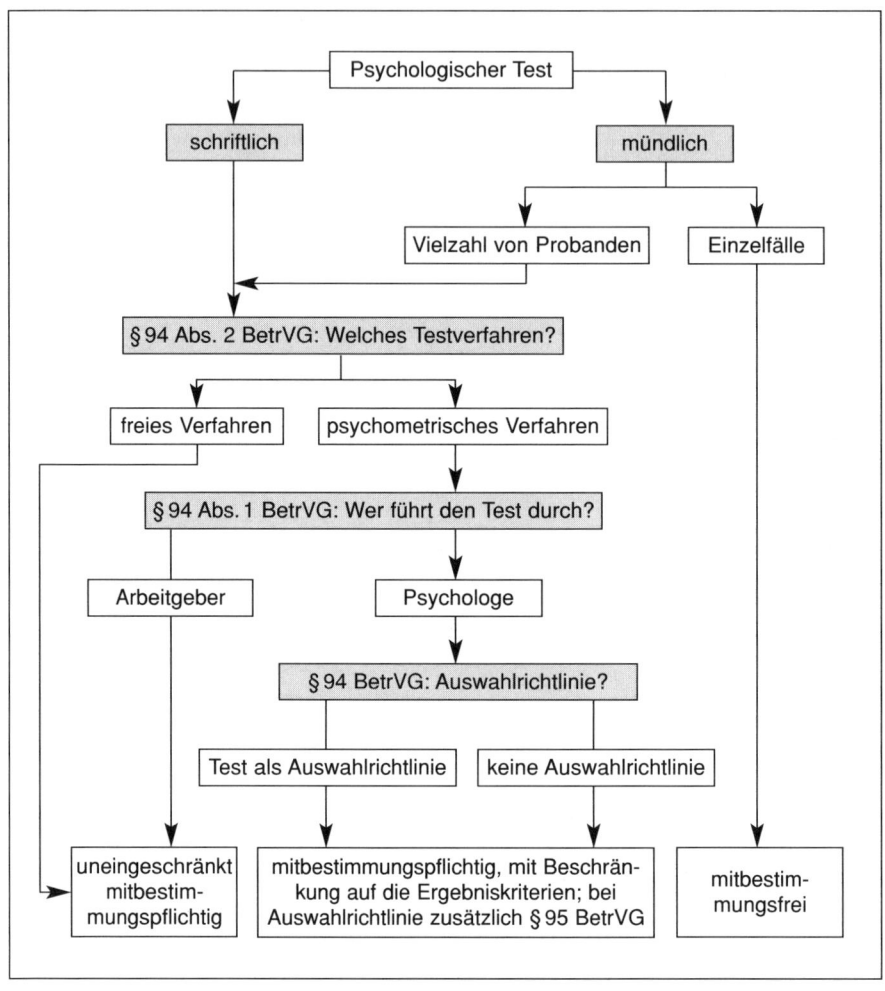

Abbildung 36:
Übersicht zur Mitbestimmungspflicht der Arbeitnehmervertretung
(nach Hoyningen-Huene, 1997, S. 76)

in denen eine Beteiligung nicht zwingend vorgeschrieben ist, wird diese in der Regel trotzdem vorgenommen. Es bestehen auf Seiten der Arbeitnehmervertreter nicht selten Befürchtungen – häufig durch negative frühere Erlebnisse genährt, die durch eine ausführliche und offene Kommunikation/Argumentation entkräftet werden können. Neben der Auswahl eines seriösen, wissenschaftlich fundierten und berufsbezogenen Persönlichkeitsfragebogens sind gute Erfahrungen mit folgenden Rahmenbedingungen gesammelt worden:

- Präsentation von Skalen oder von Beispiel-Fragen
- Präsentation von Beispiel-Ergebnissen und Darstellung des Nutzens für den Teilnehmer
- Schaffung von Transparenz über die Rolle des Persönlichkeitsfragebogens im Auswahlprozess.

Folgende Argumentation ist erfahrungsgemäß zielführend (natürlich muss sie auch dem Testverfahren entsprechen):

Tabelle 22:
Argumentation zur Information der Arbeitnehmervertretung

Mögliche Vorbehalte	Argumente	Wichtige Argumente zur Information des Betriebsrates
Persönlichkeitstests (P.) greifen in die Privat-/Intimsphäre ein	– Ein berufsbezogener P. berührt die Intimsphäre nicht, sondern beschränkt sich auf berufsrelevante Teilaspekte der Persönlichkeit	
Der P. hat nichts mit den beruflichen Aufgaben des Teilnehmers zu tun	– Durch Auswahl eines berufsbezogenen P. kann der Zusammenhang aufgezeigt werden. Dazu können Beispiel-Fragen gezeigt werden	
P. offenbaren Teile der Persönlichkeit, die der Teilnehmer gar nicht offenbaren will	– Seriöse berufsbezogene P. liefern lediglich ein standardisiertes Selbstbild und können daher nicht mehr zeigen, als der Teilnehmer zuvor selbst beantwortet hat	
Das Ergebnis des P. überlagert den Einfluss der betrieblichen Leistungen bei Personalentscheidungen	– Die Bedeutung des P. als ergänzen-des Instrument im jeweiligen Prozess sollte verdeutlicht werden. Der ergänzende Charakter des P. ist zu erläutern	
Das Ergebnis des P. kann die Chancen von Teilnehmern verringern	– Im Gegenteil ist der Einsatz des P. dazu angetan, die Objektivität von Personalentscheidungen zu erhöhen (Relativierung des „Nasenfaktors" durch weitere Informationsquellen, Reduzierung von Willkür) – Der P. bietet Mitarbeitern die Chance, ihre persönlichen Stärken darzustellen – Ein seriöser P. kann dazu beitragen, die Fairness und Objektivität bei Personalentscheidungen zu erhöhen	
Das Ergebnis des P. kann der beruflichen Laufbahn der Teilnehmer Schaden zufügen	– Hier kann eine Einigung über die Verwendung des Ergebnisprofils getroffen werden, bei der der Teilnehmer (auch) selbst das Profil erhält. Alternativ kann z. B. vereinbart werden, dass das Ergebnis beim durchführenden Diplom-Psychologen verbleibt	

85

3.3.3 Information und Einbindung der Teilnehmer

Die angemessene Vorinformation der Teilnehmer über das auf sie zukommende Fragebogenverfahren ist ein häufig vernachlässigter Punkt. Es führt nicht zum Erfolg, die Kommunikation ohne inhaltliche Unterstützung allein zur Aufgabe der Vorgesetzten der Teilnehmer zu machen. Eine schriftliche Vorinformation, die den Gesamtprozess darstellen sollte, könnte z. B. folgende Inhalte aufweisen:

– Einführung zum Fragebogenverfahren – Erläuterung seiner Rolle im Gesamtprozess
– Warum wird im Unternehmen ein Persönlichkeitsfragebogen eingesetzt?
– Wer kann / soll / darf teilnehmen?
– Worauf wird im Fragebogen abgezielt? In welcher Form ist das Verfahren zu bearbeiten?
– Wie lang dauert die Bearbeitung des Fragebogens? Wer wertet aus?
– Welche Ergebnisse werden daraus abgeleitet? Welche Konsequenzen haben diese Ergebnisse?
– Wer nimmt die Ergebnisse zur Kenntnis bzw. kann Einsicht nehmen? Wo werden diese aufbewahrt?

Trotz teilweise zu geringer Vorinformation lässt sich zu Beginn der gemeinsamen Arbeitsphase fast immer eine konstruktive Atmosphäre erreichen. Hierfür ist meist die durchführende Person ausschlaggebend, die sich entsprechend fachkundig und sozial kompetent verhalten sollte. Dazu sind wiederum die o. g. Informationen förderlich, nicht zuletzt vor dem Hintergrund der rechtlichen Rahmenbedingungen.

3.3.4 Qualifizierung der Anwender

Die Qualifizierung der Anwender bezieht sich in der Regel auf den Einsatz des Verfahrens, dessen Auswertung, sowie Interpretation und Rückmeldung der Ergebnisse. Bis vor wenigen Jahren war es üblich, dass wissenschaftlich entwickelte psychometrische Testverfahren von den Testverlagen nur gegen entsprechenden Nachweis an Diplom-Psychologen abgegeben wurden. Eine Qualifizierung der Psychologen erfolgt in der Regel im Rahmen des Studiums, so dass der Einsatz meist auch von Psychologen durchgeführt wurde. Diese Praxis ist im Umbruch – heute werden zahlreiche berufsbezogenen Persönlichkeitsfragebogen auch an Personalfachleute in Unternehmen geliefert, ohne dass ein Psychologe am Einsatz beteiligt sein muss. Qualifizierungen sollten dem Anwender folgende Kompetenzen vermitteln:

– Den Entwicklungshintergrund des Verfahrens kennen und seine Chancen/Risiken im eigenen Einsatzgebiet einschätzen
– Das Verfahren angemessen in den eigenen Prozess (z. B. Führungskräfteentwicklungs-Seminar) integrieren

- Die Bedeutung der Ergebnisse im Rahmen des Prozesses richtig einschätzen
- Die Anwendung und das Vorgehen bei der Auswertung kennen (am besten an der eigenen Person einmal probeweise durchgeführt haben, zumindest die Testfragen sowie die eigenen Ergebnisse inspiziert haben)
- Den Teilnehmern das Verfahren verständlich erläutern
- Die Durchführung kompetent begleiten (z. B. bei Rückfragen oder Verständnisschwierigkeiten)
- Die Auswertung vornehmen
- Die Korrektheit der Ergebnisse verifizieren (Kontrolle auf Antwortmuster u. Ä.)
- Bei Verfahren mit Vergleichsgruppen eine angemessene Referenzgruppe auswählen
- Die Ergebnisse anhand der Testunterlagen verstehen/einordnen
- Die Ergebnisse auf die eigenen Fragestellung (z. B. Auswahlentscheidung) beziehen, z. B. Verbindung herstellen zwischen den Anforderungskriterien eines Assessment Centers und den Skalen des Fragebogens
- Den Teilnehmern das Ergebnis zurückmelden und Rückfragen stellen/klären

Hinweise zur Anwenderqualifizierung der in diesem Band vorgestellten Verfahren finden sich bei den jeweiligen Testbesprechungen in Kapitel 3.2.

3.3.5 Auswertungsmöglichkeiten

Für die Auswertung eines Persönlichkeitsfragebogens stehen in der Regel mindestens zwei, immer häufiger jedoch bis zu fünf Herangehensweisen zur Verfügung:

Vor- und Nachteile unterschiedlicher Vorgehensweisen

Herangehensweisen bei der Auswertung
1. Auswertung eines Papierfragebogens per Hand, z. B. mit Auswertungsfolien oder Auswertungsschablone

- *Vorteil:* Der Auswerter nimmt alle Antworten im Einzelnen zur Kenntnis. Dadurch fallen Antworttendenzen, ausgelassene Fragen, individuell vorgenommene Kommentare, Bearbeitungssstrategien usw. unmittelbar auf und können ggf. korrigiert bzw. berücksichtigt werden.
- *Nachteil:* Die händische Auswertung ist im Vergleich zeitaufwändig. Auswertungsfehler können unterlaufen.
- *Zeitaufwand:* Bei etwa 200 Fragen sollten ca. 15 Minuten Auswertungszeit kalkuliert werden.
- *Empfehlenswertes Einsatzgebiet:* Einzelauswertungen, z. B. im Coaching, bei Einzel-Potenzialbegutachtungen.

**2. Auswertung eines Papierfragebogens mit einer Computer-
anwendung, z. B. auf einem Notebook**

- *Vorteil:* Die Antworten werden vom Fragebogen abgetippt. Somit fallen Antworttendenzen und ausgelassene Fragen auch hier auf. Die Auswertung ist trotzdem wesentlich schneller als per Hand mit Schablonen.
- *Nachteil:* Die Eingabe und Auswertung am Computer führt in der Regel zu höheren Kosten (Anschaffung der Software und Durchführungskosten je Teilnehmer). Eingabefehler können unterlaufen.
- *Zeitaufwand:* Bei etwa 200 Fragen sollten ca. 4 bis 5 Minuten Auswertungszeit kalkuliert werden.
- *Empfehlenswertes Einsatzgebiet:* Einzelauswertungen oder Gruppenauswertungen.

**3. Bearbeitung und Auswertung am lokalen Computer,
z. B. auf einem Notebook**

- *Vorteil:* Die Antworten werden per Computer direkt gegeben, die Auswertung ist somit nur minimal zeitaufwändig. Häufig können Bearbeitungszeiten als Protokolldatei eingesehen werden.
- *Nachteil:* Das Notebook muss mitgeführt werden. Es kann nur ein Teilnehmer je Notebook zur gleichen Zeit teilnehmen. Die Bearbeitung/ Auswertung am Computer führt in der Regel zu höheren Kosten (Anschaffung der Software und Durchführungskosten je Teilnehmer). Antworttendenzen und ausgelassene Fragen fallen u. U. nicht direkt ins Auge.
- *Zeitaufwand:* Unabhängig von der Anzahl der Fragen sollten ca. 1 bis 2 Minuten Auswertungszeit kalkuliert werden.
- *Empfehlenswertes Einsatzgebiet:* Einzelauswertungen oder Gruppenauswertungen.

**4. Bearbeitung im Rahmen eines unternehmenseigenen Netzwerkes
(Intranet)**

- *Vorteil:* Die Auswertung kann auch dezentral erfolgen. Durch den Serverbetrieb können mehrere Teilnehmer den Fragebogen zugleich bearbeiten. Es muss nur eine Version der Software angeschafft werden. Die Antworten werden am Computer gegeben, die Auswertung ist somit nur minimal zeitaufwändig. Häufig können Bearbeitungszeiten als Protokolldatei eingesehen werden.
- *Nachteil:* Ggf. erhöhte Kosten, u. U. auch Aufwand zur Datensicherung erforderlich. Im Netzwerk u. U. Ausfallrisiko. Die Bearbeitung/Auswertung am Computer führt in der Regel zu höheren Kosten (Anschaffung der Software und Durchführungskosten je Teilnehmer). Antworttendenzen und ausgelassene Fragen fallen u. U. nicht direkt ins Auge.

- *Zeitaufwand:* Unabhängig von der Anzahl der Fragen sollten ca. 1 bis 2 Minuten Auswertungszeit kalkuliert werden.
- *Empfehlenswertes Einsatzgebiet:* Einzelauswertungen oder Gruppenauswertungen, auch Selbstbearbeitung/Auswertung im Rahmen eines Self-Assessment.

5. Bearbeitung im Internet, z. B. auf einem externen Testserver

- *Vorteil:* Die Auswertung erfolgt dezentral und ist häufig durch eine schriftliche Zusammenfassung aus Textbausteinen ergänzt. Meist wird jeweils die aktuellste Version bearbeitet, ohne dass der Anwender sich um Updates kümmern muss. Die Antworten werden am Computer gegeben, die Auswertung ist als Datei einfach weiterzuverarbeiten. Häufig können Bearbeitungszeiten als Protokolldatei eingesehen werden.
- *Nachteil:* In der Regel deutlich höhere Kosten, bei meist geringerer Transparenz/Prozesskontrolle. Im Internet u. U. Erreichbarkeits- oder Ausfallrisiko. Ggf. unklare Identität des Bearbeiters sowie nicht auszuschließende Probleme bzgl. der Datensicherheit. Antworttendenzen und ausgelassene Fragen fallen u. U. nicht direkt ins Auge.
- *Zeitaufwand:* Abhängig vom Dienstleister, im optimalen Fall werden die Ergebnisse unmittelbar nach Bearbeitung generiert.
- *Empfehlenswertes Einsatzgebiet:* Einzelauswertungen oder Gruppenauswertungen, auch Selbstbearbeitung/Auswertung im Rahmen eines Self-Assessment. Häufiger im Rahmen von PE-Maßnahmen, z. B. Trainings, wenn wenig Zeit zur Auswertung zur Verfügung steht.

3.3.6 Konsequenz und Verbindlichkeit in der Umsetzung der Resultate

Die Umsetzung der Ergebnisse von Persönlichkeitsfragebogen ist häufig nicht isoliert erwünscht bzw. möglich. In der Regel liegen weitere Eindrücke bzw. Ergebnisse zu bestimmten Kompetenzfeldern vor, die vom Persönlichkeitsfragebogen ergänzt werden. Dennoch ist der Persönlichkeitsfragebogen zum Teil als separater Schritt eines Prozesses vorgesehen, bei dem dann auch eine zielorientierte Vorgehensweise gefordert wird. Beispiele:

Rolle des Vorgesetzten bei der Umsetzung von Maßnahmen

1. Training: Teilnehmer sollen sich Feedback von anderen Trainingsteilnehmern zu ihrem Persönlichkeitsprofil einholen.
2. Personalentwicklungs-Assessment: Teilnehmer sollen sich Feedback von ihrem Vorgesetzten zu ihrem Persönlichkeitsprofil einholen.
3. Teamentwicklungen: Teilnehmer sollen sich gegenseitig Feedback zu ihren Ergebnisprofilen geben. Teilnehmer sollen selbst einen Abgleich zwischen Selbst- und Fremdbild-Profilen vornehmen und daraus ein Fazit ableiten.

Wie in Kapitel 4.2 beschrieben wird, ist die Wirkungsweise der persönlichkeitsdiagnostischen Instrumente personenabhängig. Neben dem Teilnehmer selbst trägt in der Regel auch der betriebliche Vorgesetzte eine Mitverantwortung dafür, erwünschte Wirkungen zu erreichen bzw. aufrecht zu erhalten. Von daher gilt für die Umsetzung der Ergebnisse ähnliches wie im Trainingsbereich: Die erfolgskritischen Faktoren sind zum einen der Transfer der Erkenntnisse in den Arbeitsalltag. Zum Zweiten aber die Einbindung und Einforderung der gewünschten Wirkungen durch den Vorgesetzten. Dem Vorgesetzten kommen dabei folgende Aufgaben zu:

- Erläuterung der Erwartungen, die der Vorgesetzte an die Teilnahme am Prozess richtet (Orientierung geben)
- Erläuterung der übergreifenden Zielsetzung, die damit verbunden wird (Orientierung geben)
- Erläuterung inwieweit er selbst zu diesem Ziel Beiträge leisten wird (Unterstützung bieten)
- Erläuterung inwieweit dem Vorgesetzten die Zielerreichung wichtig ist (Verbindlichkeit schaffen)
- Erläuterung welche Folgen die erfolgreiche/erfolglose Zielverfolgung haben wird (Konsequenzen aufzeigen).

Nach den einschlägigen Erfahrungen benötigen die Führungskräfte eine kompetente Einweisung und Unterstützung zur erfolgreichen Wahrnehmung dieser Rolle.

3.4 Integration am Beispiel verschiedener Einsatzfelder

Fragenkatalog zur Testauswahl

Neben der sachgerechten Information aller Beteiligten (siehe Kap. 3.3) bestimmen im Wesentlichen zwei weitere Faktoren über den Erfolg beim Einsatz von Persönlichkeitstests: Erstens die Auswahl eines für den jeweiligen Prozess angemessenen und geeigneten Instrumentes. Hierzu liefert die dem Band beigefügte Karte Leitfragen. Zweitens die angemessene Integration in den Prozess – an der rechten Stelle und ggf. nicht als alleiniges Instrument (bei Auswahl- und Platzierungsfragen). Hierzu finden sich Hinweise in den folgenden Abschnitten 3.4.1 und 3.4.2.

3.4.1 Personalauswahl/-platzierung

Hinweise zur Integration in Auswahl-/ Platzierungs- prozesse

Die folgende Abbildung 37 nennt praxisbewährte Anhaltspunkte zur Integration des Persönlichkeitstests in Auswahl- und Platzierungsprozesse. In der nachfolgenden Abbildung 38 findet sich ein konkretes Beispiel für den zeitlichen Ablauf eines solchen Prozesses, sowie die inhaltliche Einbindung des Testverfahrens.

- Senden Sie den Bogen nicht vorab zu, sondern lassen Sie den Fragebogen direkt am Tag der Maßnahme ausfüllen (wenn Sie z. B. unterbinden wollen, dass der Teilnehmer sich ausführlich über Testaussagen und Antworten austauscht und informiert).

- Erläutern Sie den Teilnehmern vor der Bearbeitung den Fragebogen und dessen Bedeutung für die Gesamtergebnisse.

- Machen Sie kein „Geheimnis" aus dem Verfahren, sondern schaffen Sie möglichst viel Transparenz. Je besser die Teilnehmer Ablauf und Inhalte verstehen können, umso eher öffnen sie sich für den Prozess.

- Lassen Sie den Fragebogen parallel zur Veranstaltung auswerten, so dass Sie die Ergebnisse möglichst frühzeitig auf dem Tisch haben.

- Die Auswertung vieler Verfahren kann an eine eingewiesene und entsprechend qualifizierte Kraft delegiert werden.

- Bei vielen Persönlichkeitstests ist eine externe Auswertung möglich, die dann vom Dienstleister (z. B. dem Testverlag) vorgenommen wird.

- Planen Sie vor Ende der Maßnahme eine Gesprächsphase ein, in der Sie Rückfragen klären und interessante Punkte vertiefen können. Die aufschlussreichen Informationen ergeben sich oft erst, nachdem Rückfragen und Vertiefungsfragen zum Ergebnisprofil gestellt werden konnten. Dies ist auch ein Grund, weshalb ein Persönlichkeitstest sich nicht als alleiniges Vorauswahlinstrument eignet.

- Händigen Sie den Teilnehmern das Ergebnisprofil und ggf. erläuternde Broschüren aus. Damit haben interessierte Teilnehmer die Chance, sich weiter mit den Ergebnissen auseinander zu setzen. Außerdem dient dies dem Personalmarketing (Akzeptanz von Maßnahme und Institution bzw. Unternehmen).

- Planen Sie insbesondere bei internen Mitarbeitern in Ihren Prozess ein, wie weiter auf die Ergebnisse Bezug genommen wird. Je nach Zielgruppe sollten die Teilnehmer nicht mit ihren Ergebnissen „allein" gelassen werden. Ansatzpunkte dazu bietet z. B. das gemeinsame Rückmeldegespräch mit dem Vorgesetzten, bei dem dann z. B. die aus der Standortbestimmung resultierenden Konsequenzen besprochen werden (z. B. unter Einbezug der Testergebnisse).

- Zunehmend besteht auch die Möglichkeit der Internet-Durchführung. Neben z. T. erheblichen praktischen Vorteilen ist diese Variante jedoch gegenüber der persönlichen Anwendung mit höheren Risiken behaftet: Häufig erhalten die Teilnehmer kein Feedback, und zwischenzeitliche Fragen können nicht persönlich mit dem Auftraggeber der Testung besprochen werden.

Abbildung 37:
Hinweise zur Integration von Persönlichkeitstests
in Personalauswahl-/-platzierungsprozesse

08:00–08:15	Begrüßung und Überblick über den Tagesablauf
08:15–09:00	***Bearbeitung eines berufsbezogenen Persönlichkeitsfragebogens*** (Gewinnung von Informationen u. a. über berufliche Motivation, Soziale Kompetenzen)
09:00–09:15	Kognitiver Leistungstest mit „Benchmark" (Informationen über geistige Beweglichkeit und Lernfähigkeit)
09:15–09:30	Pause
09:30–10:30	Selbst-Präsentation mit vertiefendem Gespräch (zur beruflichen Entwicklung bei xyz und zur eigenen Rolle, z. B. als Meister) ***Gelegenheit, auf die Ergebnisse des Persönlichkeitsfragebogens einzugehen*** (Informationen u. a. über berufliche Motivation, Führung, Soziale Kompetenzen)
10:30–11:15	Arbeitsprobe über Entscheidungsverhalten, Organisation und Planung (bzgl. Abläufe und Mitarbeiter) (Information über Umsetzungskompetenz u. a. in Bezug auf geistige Beweglichkeit, Entscheidungsfähigkeit, Organisation und Planung, Führung, Soziale Kompetenzen)
11:15–12:00	Zwei kürzere Mitarbeitergespräche, inhaltlich an die vorige Übung anknüpfend (z. B. Motivations-/Einbindungsgespräch, Kritikgespräch u. Ä.) (Information über Umsetzungskompetenz u. a. in Bezug auf Führung, Soziale Kompetenzen, Kooperation/Integration, Durchsetzung)
ab 12:00 (Dauer: etwa 40 Min.)	Ergebniszusammenfassung und Feedbackgespräch mit dem Teilnehmer ***Ausführlicher Abgleich von Selbst- und Fremdbild (ggf. Aushändigung der Testergebnisse)***

Einige Tage nach der Potenzialanalyse: Aufgreifen der Gesamtergebnisse und der Testergebnisse im gemeinsamen Folgegespräch von Teilnehmer, dessen Vorgesetztem, und einem der Beobachter

Abbildung 38:
Beispielablauf einer Potenzialanalyse für Führungskräfte mit Integration des Persönlichkeitstests

3.4.2 Beratung/Coaching/Training

Die Abbildung 39 liefert praxisbewährte Ansätze zur Integration des Persönlichkeitstests in Beratungs-, Coaching- und Trainingsprozesse. In der darauf folgenden Abbildung 40 findet sich ein Beispiel dafür, in welchen Phasen des Prozesses der Test eingesetzt werden kann.

> – Soweit zu erwarten ist, dass die Teilnehmer ein eigenes Interesse an realistischen Ergebnissen haben, können sie den Fragebogen vorab (z. B. zu Hause) bearbeiten. Bei umfangreichen Feedbackprozessen spart das bei der Veranstaltung selbst u. U. viel Zeit.
>
> – Ggf. können die resultierenden Ergebnisse den Teilnehmern ebenfalls vorab postalisch (mit entsprechenden Erläuterungen) zugestellt werden. Bei umfangreicheren Feedbackprozessen kann dies bei der Veranstaltung Zeit sparen und man kann schneller zum Abgleich der Eindrücke kommen (und muss nicht so viel Zeit mit Erläuterungen verbringen).
>
> – Auch eine Internet-Durchführung oder externe Auswertung durch Dritte kann (z. B. bei seltenem Einsatz eines Tests) sinnvoll sein. Diese wird mittlerweile für einige Verfahren angeboten. Dabei erhält der Teilnehmer mitunter auch schriftliche Gutachtenbausteine (Reports) zu seinem Ergebnis, mit denen er sich vorab selbst auseinander setzen kann.
>
> – Die Bearbeitung während der Maßnahme bietet den Vorteil, unmittelbar auf einzelne Antworten eingehen zu können und die Beantwortung kritisch zu hinterfragen (z. B. hinsichtlich Antwortmustern, Extremantworten, ausgelassenen Fragen usw.)
>
> – Möglichst weit gehende Transparenz schaffen. Je besser die Teilnehmer Ablauf und Inhalte verstehen können, umso eher öffnen sie sich für den Prozess.
>
> – Wenn es im Prozess inhaltlich im Kern um die Persönlichkeit der Teilnehmer geht (z. B. Persönlichkeitsentwicklung für Führungskräfte), kann es besser sein, ein ausführliches Instrument einzusetzen. Hiermit ist eine umfassendere und detailliertere Behandlung der jeweiligen Themen möglich.
>
> – Wenn es im Prozess im Kern um andere Themen geht und die Persönlichkeit nur eines von vielen Themenpunkten ist (z. B. Verkaufstraining, mit einem Baustein „Verkäuferpersönlichkeit"), kann es zielführend sein, ein kompaktes Instrument einzusetzen. Damit benötigt man weniger Zeit zum Erfassen der Ergebnisse und die Zusammenhänge sind insgesamt schneller aufzunehmen als bei differenzierteren Verfahren.
>
> – Wenn es bei der Veranstaltung des gegenseitige Feedback im Vordergrund steht (z. B. bei der Teamentwicklung einer Abteilung), kann es aus den o. g. Gründen besser sein, einen ausführlichen Persönlichkeitsfragebogen einzusetzen. Man kann wie zuvor ausgeführt persönliche Anregungen differenzierter darstellen.

Abbildung 39:
Hinweise zur Integration von Persönlichkeitstests
in Beratungs-, Coaching- und Trainingsprozesse

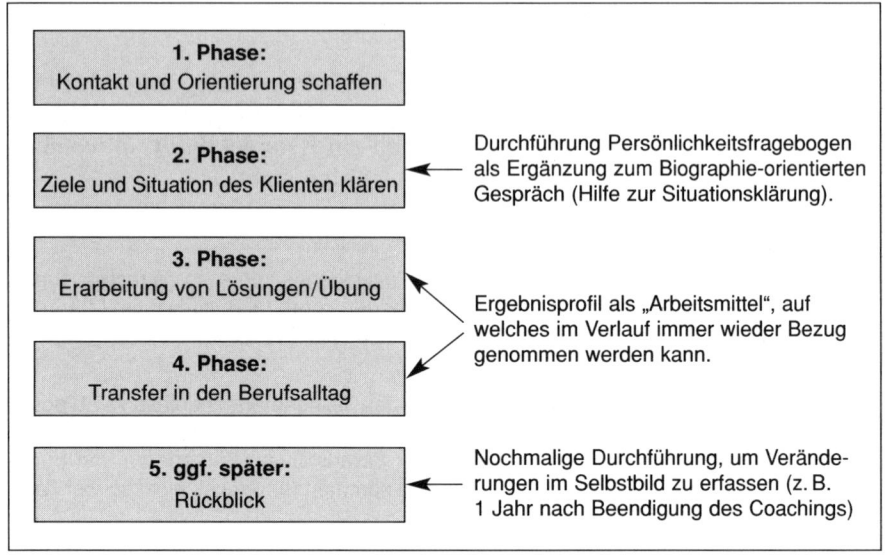

Integration in ein Coaching

1. Phase:
Kontakt und Orientierung schaffen

2. Phase:
Ziele und Situation des Klienten klären

Durchführung Persönlichkeitsfragebogen als Ergänzung zum Biographie-orientierten Gespräch (Hilfe zur Situationsklärung).

3. Phase:
Erarbeitung von Lösungen/Übung

4. Phase:
Transfer in den Berufsalltag

Ergebnisprofil als „Arbeitsmittel", auf welches im Verlauf immer wieder Bezug genommen werden kann.

5. ggf. später:
Rückblick

Nochmalige Durchführung, um Veränderungen im Selbstbild zu erfassen (z. B. 1 Jahr nach Beendigung des Coachings)

Abbildung 40:
Einsatz eines Persönlichkeitsfragebogens im Beratungs-/Coaching-Prozess
(Coaching-Phasen modifiziert nach Fischer-Epe, 2002)

Die folgende Tabelle gibt eine ergänzende Übersicht, zu welchem Zweck Persönlichkeitstest in unterschiedlichen Prozessen verwendet werden können, und mit welchen anderen Instrumenten eine Kombination stattfinden kann. Vor der Planung des eigenen Testeinsatzes sollte sich der Anwender die Frage vorlegen, welche der aufgeführten Funktionen bzw. der genannten Ziele er realisieren möchte. Da vielfach mehrere Ziele parallel angestrebt werden, sollten zuvor die Prioritäten geklärt werden.

Tabelle 23:
Übersicht über unterschiedliche Zielsetzungen beim Einsatz von Persönlichkeitstests

Breit gefächertes Einsatzspektrum von Persönlichkeitstests

Prozess/Instrumente neben dem Persönlichkeitstest	Funktion des Persönlichkeitstests
Auswahl- bzw. Platzierungsprozess Interview, Arbeitsprobe, Fallstudie, Rollenspiel, Kognitiver Leistungstest	– Ergänzung des Selbstbildes – Vertiefung des Selbstbildes aus dem Interview – Aufdeckung innerer Konflikte und Widersprüche bzw. Stärken und Potenziale – Unterstützung einer Entscheidung
Teamtraining Gruppenübungen, Gespräche	– Strukturierte Visualisierung unterschiedlicher Persönlichkeiten, leistet einen Beitrag zum Verständnis anderer Personen und fördert die Akzeptanz der Unterschiedlichkeit der Charaktere

94

Tabelle 23 (Fortsetzung):
Übersicht über unterschiedliche Zielsetzungen beim Einsatz von Persönlichkeitstests

Prozess/Instrumente neben dem Persönlichkeitstest	Funktion des Persönlichkeitstests
Coaching Gespräch, Rollenspiel	– Ergänzung des Selbstbildes – Vertiefung des Selbstbildes aus dem Interview – Aufdeckung innerer Konflikte und Widersprüchlichkeiten bzw. Stärken und Potenziale – Förderung von Selbstreflektion und Einsichten/Erkenntnissen
Feedback-Prozess Gespräche, ggf. andere Befragungsinstrumente (z. B. betriebsspezifische)	– Differenziertes Feedback zur Persönlichkeit, um Selbstbild-Fremdbild-Diskrepanzen abbauen zu können. Ggf. zur Vorbereitung weiterer, unternehmensbezogener Maßnahmen
Berufliche Beratung und Karriereberatung Interview, Interessentest	– Ergänzung des Selbstbildes – Vertiefung des Selbstbildes aus dem Interview – Aufdeckung innerer Konflikte und Widersprüchliche bzw. Stärken und Potenziale – Ableitung eines geeigneten beruflichen Settings

4 Vorgehen

4.1 Darstellung der Interventionsmethoden

Wie bereits zuvor beschrieben wurde, ist die Anwendung und Rückmeldung eines Persönlichkeitstests nicht nur als diagnostischer Prozess, sondern auch bereits als Intervention zu verstehen. Damit diese zielgerichtet erfolgen kann, ist eine strukturierte und sachgerechte Vorgehensweise erforderlich. Dazu werden hier Erläuterungen zur Anwendung/Auswertung des Tests, zur Profilinterpretation, sowie zur Führung von Rückmeldegesprächen gegeben. Darüber hinaus ist in Bezug auf Eignungsbeurteilungen mit der DIN 33430 vor kurzem erstmals ein Standard in normierter Form vorgelegt worden, der sich auf die Qualität der eingesetzten Verfahren und die Durchführung eines eignungsdiagnostischen Prozesses als Ganzes bezieht (vgl. dazu z. B. Hornke & Winterfeld, 2004).

4.1.1 Konkrete Anwendung und Auswertung am Beispielfall

In diesem Abschnitt werden die Schritte bei der Anwendung und Auswertung eines Testverfahrens beispielhaft beschrieben. Zuvor findet sich eine Darstellung typischer Schritte, die das allgemeine Vorgehen verdeutlicht (vgl. Abb. 41). Bei dem konkret geschilderten Test handelt sich um das Leistungsmotivationsinventar als Beispiel für einen Persönlichkeits-Struktur-Test (LMI, Schuler & Prochaska, 2001). Die Schilderung erfolgt vor dem Hintergrund, dass viele Testinteressenten gerade in Bezug auf die anfallenden Schritte (von der Testbearbeitung bis zum Ergebnisprofil) über wenig Vorerfahrung verfügen. Weil die Visualisierung dieser Schritte die Testeinkäufer fachkundiger macht, hilft sie erfahrungsgemäß, bei der Auswahl eines Tests die Auswertungsprozedur genauer zu hinterfragen. Außerdem vermittelt sie ein Bild von der „Objektivität" des Tests. Diesbezüglich bestehen bei vielen Testteilnehmern auch heute noch Befürchtungen etwa dahingehend, der Testanwender würde Einzelantworten auf die Testfragen routinemäßig persönlich interpretieren (Bsp.: „Hoffentlich nehmen Sie mir die Antwort auf Frage 124 nicht übel!").

---

1. In der konkreten Anwendung steht zu Anfang die **Erläuterung des Verfahrens** für den Teilnehmer. Dazu gehört die Aufklärung über die Bedeutung des Verfahrens im Prozess und die Klärung von Rückfragen.

2. **Beantwortung der Testfragen durch den Teilnehmer.** Die Bearbeitung sollte im Regelfall selbstständig erfolgen. Bei der Durchführung in Gruppen sollte jeder Teilnehmer seinen Fragebogen allein und ohne Rücksprache mit anderen Teilnehmern bearbeiten. Dazu kann es je nach Teilnehmergruppe sinnvoll sein, einen Ansprechpartner für Rückfragen im Raum zu platzieren. Dieser sollte jedoch während der Bearbeitung keine Anweisungen geben und sich neutral verhalten.

3. **Auswertung gemäß den Vorgaben des Testmanuals**, entweder mithilfe von Auswertungsfolien oder mit der dazu gehörigen Software (vgl. auch Abbildung 43 zu den Unterschieden zwischen Papier- und Computerversionen). Dem Teilnehmer kann während dieser Wartezeit ggf. eine Informationsbroschüre zum Persönlichkeitsfragebogen ausgehändigt werden. Er kann sich damit sinnvoll auf das Feedback zu seinen Ergebnissen vorbereiten.

4. **Interpretation**, z. B. anhand der Informationen im Testmanual (vgl. Karte zur Profilinterpretation). Dies können Interpretationshinweise oder Leitfragen zu den Testskalen sein. Anschließend Ableitung bzw. Erarbeitung konkreter Handlungsempfehlungen und -schritte, z. B. zu berücksichtigende Entwicklungsbereiche bei Auswahlprozessen, oder Empfehlung bestimmter Coachingmaßnahmen bei internen Teilnehmern.

5. Empfehlenswert ist die **Durchführung eines Rückmeldegespräches** mit dem Teilnehmer (vgl. Karte für das Vorgehen bei der Rückmeldung).

6. **Evaluation/Controlling** bezüglich des Prozesses (inwieweit war das Vorgehen zielführend und angemessen?) sowie der getroffenen Entscheidungen. Hierzu könnten z. B. die nachweisbaren Effekte eines verbesserten Führungsverhaltens gehören, das sich nach einer auf die Testergebnisse abgestimmten Qualifizierung ergeben hat.

Abbildung 41:
Typische Ablaufschritte bei der Anwendung eines persönlichkeitsorientierten Fragebogenverfahrens

Die folgende Abbildung illustriert beispielhaft die Schritte von der Bearbeitung bis zur Profilerstellung des Leistungsmotivationsinventars (LMI, Schuler & Prochaska, 2001).

	1. Bearbeitung der Testaussagen durch den *Teilnehmer* Im Testheft befindet sich eine selbsterklärende Instruktion. Im Testmanual werden Standarddurchführungsbedingungen angegeben (Testmanual, S. 19).
	2. Übertragen der Testantworten mit Hilfe der Auswertungsschablonen durch den *Auswerter* Anhand von Schablonen wird der Rohwert für jedes Item abgelesen und in den Auswertungsbogen eingetragen. Im Testmanual findet sich eine genaue Standardauswertungsprozedur (Testmanual, S. 20).
	3. Berechnung der Summenwerte für jede Testskala im Auswertungsbogen Durch Addition werden die Skalenrohwerte berechnet. Diese werden in einer gesonderten Spalte eingetragen.
	4. Ablesen der Normwerte für jede Testskala anhand der im Testmanual gewählten Vergleichsgruppe Der Normwert (Standardwert, Prozentrang und Stanine-Wert) wird anhand des Skalenrohwertes in der gewählten Normtabelle abgelesen. Die Normtabellen befinden sich im Anhang des Manuals.
	5. Eintragen des Normwertes (hier 9-stufig) für jede Testskala in das Ergebnisprofil Die Normwerte werden für jede Skala in das Profilblatt übertragen. Die einzutragenden Profilpunkte werden in einer Tabelle abgelesen. Im Testkoffer sind 20 Profilblätter enthalten.
vgl. beispielhaft Abb. 24 auf S. 63	**6. Interpretation des Ergebnisprofils** Als Interpretationshilfe werden im Testmanual Skalenbeschreibungen und Hinweise auf die Normtabellen und Skalenkorrelationen gegeben. Zusätzlich werden drei Fallbeispiele zur Interpretation der LMI-Ergebnisse vorgestellt (Testmanual, S. 25–33).

Abbildung 42:

Schritte bei der Anwendung und Auswertung des Leistungsmotivationsinventars (LMI)

4.1.2 Unterschiede zwischen Papierform und Computerversion

**Je nach Test-
medium
unterschiedliche
Abläufe**

Gerade in Prozessen, die häufig und mit größeren Teilnehmerzahlen wiederholt werden müssen, bietet sich eine Testdurchführung per Computer oder auch über das Internet an (vgl. auch Kap. 3.3.5). Die folgende Abbildung 43 gibt einen Überblick über die Unterschiede zwischen dem Vorgehen per Papierform bzw. per Computer/Internet.

Bearbeitung und Auswertung schriftlich in Papierform	Bearbeitung und Auswertung am PC; gilt in ähnlicher Form auch für die Internet-Durchführung
1. Einführung und Erläuterung des Vorgehens (Anleitung und Demonstration von Beispielfragen)	
2. Teilnehmer beantwortet Fragen (Dauer je nach Fragebogen ca. 10–120 Min.)	2. Teilnehmer beantwortet Fragen am PC (in der Regel gleiche Dauer wie bei der Papier-Version)
3. Auswerter überträgt Antworten in ein Auswertungsblatt*	3. Auswerter startet die Prozedur am PC
4. Auswertung für jede Testskala: z. B. Bildung von Mittelwerten über alle Testfragen dieser Skala	4. Auswerter wählt ggf. eine Referenz-gruppe aus
5. Vergleich der Selbsteinschätzung mit den Selbsteinschätzungen anderer (Referenzgruppe bzw. Normierung)	5. Programm erstellt ein Ergebnisprofil (Auswertungszeitraum: wenige Min.)
6. Erstellung des Ergebnisprofils (Auswertungszeitraum: je nach Test ca. 10–30 Min.) **Ergebnis:** In der Regel das Ergebnisprofil in Papierform, oder der errechnete Ergebnis-Typus. * _Alternativ stehen bei einigen Tests Auswertungs-programme zur Verfügung, bei denen die Test-antworten vom Fragebogen abgetippt werden. Die Auswertung erfolgt dann durch die Software, wie in der rechten Spalte beschrieben._	**Ergebnis:** In der Regel das Ergebnisprofil in Form einer druck- oder mailbaren Datei, z. T. zusätzlich: – schriftliche Ergebniszusammenfassung, meist in Form von Textbausteinen – Auflistung der Antworten zu den Test-aussagen – Antwortzeiten, Antwortstatistik usw. – Übersicht über unbeantwortete Testaus-sagen

Abbildung 43:
Bearbeitung und Auswertung bei Papier- oder Computerversionen

4.1.3 Checkliste zur Profilinterpretation von Persönlichkeitstests

Die Checkliste auf der beiliegenden Karte 2 (Vorderseite) nennt wichtige Schritte bei der Interpretation eines Ergebnisprofils. Sie soll eine Sensibilisierung für die erforderlichen Schritte bewirken, und gleichzeitig eine

Anknüpfung an den diagnostischen Prozess verdeutlichen, in dem der Persönlichkeitstest eingesetzt wird. Selbstverständlich sollten jedoch zu jedem Test vor dem Einsatz die entsprechenden Hinweise aus den Testmanualen bzw. den Trainerleitfäden der Autoren durchgearbeitet werden.

4.1.4 Durchführung von Rückmeldegesprächen

Das Ablaufschema auf der beiliegenden Karte 2 (Rückseite) zeigt wichtige Phasen eines Rückmeldegespräches sowie inhaltliche Aspekte für jede Phase. Bei sachgerechter Durchführung trägt das Rückmeldegespräch maßgeblich zur Akzeptanz des Instrumentes Persönlichkeitstest bei und bietet dem Diagnostiker häufig weitere aufschlussreiche Informationen über den Teilnehmer. Voraussetzung dafür ist eine entsprechende Gesprächsführungskompetenz auf Seiten des Feedbackgebers. Gerade für Führungskräfte ist die veränderte (und stark dialogische) Rolle bei Rückmeldungen wenig vertraut. Eine hilfreiche und anschauliche Beschreibung der Rolle als Interviewer und Feedbackgeber findet sich bei Sarges (1995).

Phasen des Rückmelde-gespräches

4.2 Wirkungsweise der Methoden

Die Frage nach der Wirkungsweise von Persönlichkeitstests hat zwei Zielrichtungen:

1. Ist der Persönlichkeitstest als Instrument wirksam, d. h. kann das Instrument einen Beitrag zur Klärung von diagnostischen Fragestellungen leisten? Oder lassen sich die Ergebnisse des Tests z. B. durch ein Interview vollständig mit abdecken? Hierauf wird in Kapitel 4.3 eingegangen.
2. Wie erzielt der Persönlichkeitstest die erwünschte Wirkung im Rahmen der jeweiligen Maßnahme? Welcher Prozess findet statt, wenn sich beispielsweise ein Teilnehmer einer Standortbestimmung in Folge der Teilnahme (u. a. am Test) in einem persönlichen Entwicklungsbereich weiterentwickelt (hat)? Die zweite Frage soll hier enger gefasst werden, und zwar in Bezug auf persönlichkeitsbezogene Lernprozesse. Hierzu liegen verschiedene Modelle und Ansätze vor, die in diesem Abschnitt beschrieben werden. Nicht alle haben einen streng wissenschaftlichen Entstehungshintergrund, sind aber gleichwohl für den Anwender von Persönlichkeitstests vielfach hilfreich und erhellend.

Beitrag von Tests zur persönlichen Weiter-entwicklung

4.2.1 Einfluss von Feedback auf die Selbsteinschätzung

Da das Ziel beim Einsatz von Persönlichkeitsfragebogen in der Regel die Erfassung eines Selbstbildes und dessen Rückmeldung ist, soll hier zunächst das so genannte „Johari-Fenster" (z. B. Antons, 2000) beschrieben

Wichtigkeit von Feedback

werden. Es beschreibt, warum das Feedback durch andere Personen wichtig ist: Nur durch dieses kann eine Person den Bereich des eigenen „blinden Fleckes" reduzieren, und somit zu einer realistischeren Selbsteinschätzung gelangen. Auch die Selbstanalyse anhand eines Fragebogens enthält bereits ein Feedback, wenn das Ergebnisprofil auf Basis einer Vergleichsgruppe erstellt wurde. In diesem Fall hat bei der Profilerstellung bereits ein Abgleich von Selbstbildern statt gefunden, deren Ergebnis sich im Profil niederschlägt: Das Johari-Fenster wird häufig in Schulungen eingesetzt, um den beschriebenen Zusammenhang zu erläutern, und es ist mittlerweile vielen einschlägig qualifizierten Fach- und Führungskräften bekannt.

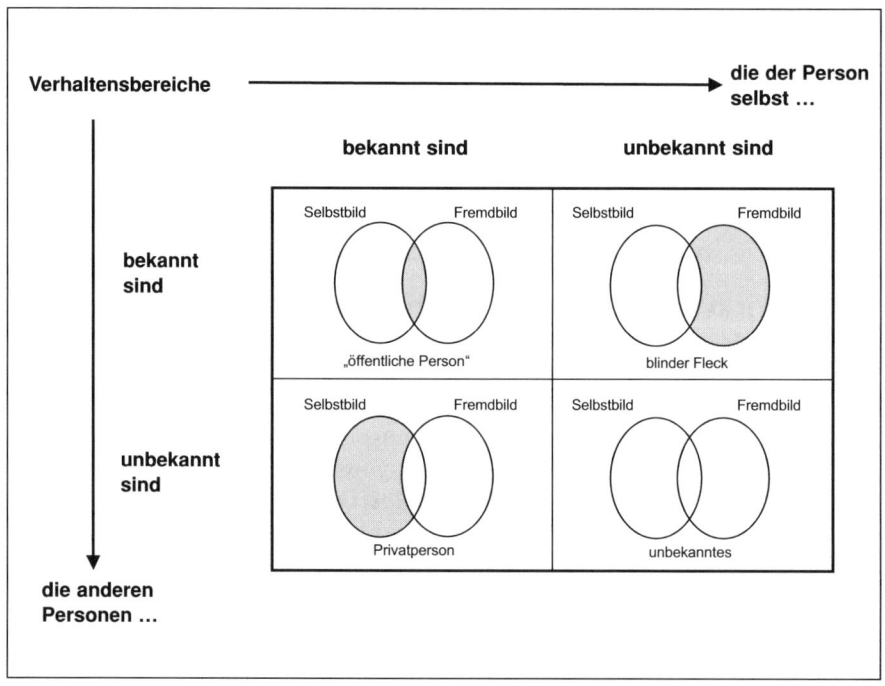

Abbildung 44:
Das Johari-Fenster zur Verdeutlichung des „blinden Fleckes" in der Selbstwahrnehmung (Broschüre zu Selbstbild, Fremdbild und Persönlichkeit zum BIP, Hossiep & Paschen, 2003)

4.2.2 Bewusstmachung/Abbildung und Rückmeldung von inneren Konflikten und Spannungsfeldern

Bedeutung von Testprofilen für die Personalentwicklung

Häufiges Ziel bei diagnostischen Prozessen mit internen Teilnehmern (d. h. Personen, die zur Organisation gehörig sind) ist die Klärung möglicher innerer Konflikte und Spannungsfelder. Diese werden für Kollegen, Mitar-

100

beiter und Führungskräfte als Nicht-Erfüllung von Anforderungen in außerfachlichen Bereichen erlebbar, wobei häufig unklar ist, worin die Ursachen liegen. Anliegen des Prozesses ist dann u. a., diese Unsicherheit einer Klärung zuzuführen.

Beispiel: Eine Führungskraft, die fachlich „einen guten Job macht", kommuniziert nicht erfolgreich und steuert die eigenen Mitarbeiter nicht deutlich genug. In diesem Bereich offenbart die Führungskraft trotz guter intellektueller Voraussetzungen und fundierter Fachkompetenz Defizite. Schulungen und Gespräche haben bislang keine Abhilfe geschaffen, obwohl sich der Betreffende dieser Defizite bewusst ist. Es wird zunehmend deutlich, dass die überfachlichen Mängel auf Sicht nicht im erforderlichen Umfang abzubauen sind. Diese Ausgangssituation ist ein durchaus üblicher Anlass für eine Standortbestimmung. Dort zeigen sich dann z. B. die in Tabelle 24 dargestellten Ursachen für Spannungsfelder und innere Konflikte (s. a. überblicksartig: Domsch, Regnet & v. Rosenstiel, 2001).

Ein Persönlichkeitsfragebogen mit entsprechenden Referenzgruppen kann es dem Anwender, dem Teilnehmer, und auch der Organisation ermöglichen, die zuvor beschriebenen Zusammenhänge (oder andere) zu erkennen. Dabei lassen sich im Profil etwa Spannungsfelder anhand widersprüchlicher Persönlichkeitsausprägungen ablesen, die im Gespräch genauer herausgearbeitet werden können (Fragebeispiele: Was ist der Ursprung des Spannungsfeldes? Woraus besteht es? Wie hat es sich entwickelt? Wodurch wird es ggf. aufrecht erhalten? Was hat der Teilnehmer selbst zur Bewältigung bisher geleistet? Inwiefern erlebt er Leidensdruck? Was könnte der Teilnehmer zur Aufarbeitung selbst leisten? Welche Beiträge kann der Vorgesetzte/das Unternehmen zur Bewältigung leisten?)

Diese Klärung ist sowohl als diagnostischer Prozess, wie auch bereits als Intervention zu verstehen. Die Intervention beruht darauf, dass der Reflektionsprozess beim Teilnehmer entweder in Gang gesetzt, oder aber begleitet wird. Zugleich wird der Reflektionsprozess gesteuert, indem ein Ziel kommuniziert wird (nämlich z. B. der Anlass der Diagnostik, also die zu klärende Fragestellung). Mit der angepeilten Erfüllung der beruflichen Anforderungen ist ein weiteres Ziel gegeben. Dazu kommen Ziele der Person selbst, z. B. Reduzierung des ggf. subjektiv empfundenen Leidensdruckes. Somit wird erneut deutlich, wie wichtig die klare Forderung bzw. Erwartungsformulierung durch den Vorgesetzten ist: Nur hierdurch wird bei vielen Teilnehmern die Verbindlichkeit geschaffen, die oftmals schwierigen Reflektions-/Trainingsprozesse zu beginnen und fortzuführen. Der Persönlichkeitstest ist hier das methodische Hilfsmittel, das die Veränderungsbereiche konkreter auf den Punkt zu bringen hilft. Außerdem bietet er mit seinen Dimensionen die „gemeinsame Sprache", in der Mitarbeiter und Vorgesetzter über sinnvolle/notwendige Veränderungen sprechen und reflektieren können.

Testeinsatz als Klärung und Intervention

Tabelle 24:

Innere Spannungsfelder der Person, möglicher Ursprung und Auswirkungen im
Persönlichkeitsprofil

Ursprung des inneren Konfliktes bzw. Spannungsfeldes	Lernerfahrung bzw. Lernumgebung	Mögliche Auswirkung bzw. Lernerfahrung
Biografische Entwicklung, speziell Zeit des Aufwachsens	– Eltern vermitteln besondere Strenge, dies führt zu Unnachsichtigkeit mit sich	– Selbstbewusstsein bzw. Stolz auf eigene Leistungen werden gebremst; geringes Selbstbewusstsein
	– Eltern vermitteln besonders hohen Leistungsanspruch; nur außergewöhnliche Leistungen werden anerkannt	– Leistungsmotiv besonders hoch, oder geringes Selbstbewusstsein, oder permanente Suche nach Anerkennung
Prägung/Sozialisation im Berufsleben	– Erleben einer extremen Leistungskultur	– Leistungsmotiv besonders hoch; Selbstüberforderung
	– Geringe berufliche Qualifikation, möglicherweise verbunden mit dem Empfinden, wesentlich mehr leisten zu können	– Geringes Selbstbewusstsein, geringes Kontrollerleben, geringe emotionale Stabilität
	– Erleben einer extremen Fehlerkultur (nichts falsch machen dürfen)	– Scham bzw. geringes Selbstbewusstsein
Wiederholtes Erleben persönlicher Defizite	– Geringe intellektuelle Leistungsfähigkeit, dadurch häufiges Scheitern in Situationen	– Geringes Selbstbewusstsein, geringe emotionale Stabilität
	– Überforderung durch Fehlplatzierung	– Geringes Kontrollerleben, geringes Selbstbewusstsein, Fehlattributionen wie z. B. die vermeintliche systematische eigene Benachteiligung durch andere

4.2.3 Ebenen der Veränderung – Werte, Einstellungen und Verhalten

Gründe für Verhalten klären

Die so genannte „Wertezwiebel" ist ein einfaches Modell, an dem sich unterschiedliche Schichten oder Ebenen der Persönlichkeit und das Zusammenspiel mit Verhaltensresultaten erläutern lassen. Als zentraler Bestandteil der Persönlichkeit sind die Werte oder Werthaltungen in der Mitte der „Zwiebel" angesiedelt. Werte können sich auf das Zusammenleben mit anderen beziehen (Nähe-Distanz, Offenheit-Vorsicht, Vertrauen-Kontrolle, Verbindlickeit-Unverbindlichkeit, Laufen-lassen vs. Konsequenz), oder z. B. auch auf die eigene Lebensführung (Anspannung-Entspannung, Freude-Pflicht, Genuss-Verzicht usw.). Auf dieser individuellen Wertestruktur fußen Einstellungen. Diese unterscheiden sich von den Werten dadurch, dass sie sich auf bestimmte Sachverhalte beziehen, also z. B. auf den beruflichen Bereich. Zu solchen berufsrelevanten Einstellungen gehören etwa auch die grundlegenden Auffassungen gegenüber dem Leistungsprinzip, der Serviceorientierung etc.

Die nächste Schicht des Zwiebelmodells zeigt das Verhalten, wie es auch für Beobachter sichtbar wird, etwa in einem Assessment Center oder im Berufsalltag. Letztlich ist es dieses konkrete Verhalten im beruflichen Kontext, welches in Resultaten (z. B. Absatzerfolge, Ausschussquoten) festgehalten wird und mit entsprechenden Konsequenzen (z. B. Beförderungen) bedacht wird. In der Logik dieser Überlegungen fokussieren unterschiedliche Erfassungsinstrumente auch auf verschiedene Aspekte der „Wertezwiebel". So greifen situative Übungen eher direkt beobachtbares Verhalten ab, wohingegen Persönlichkeitstests eher auf Einstellungen abzielen oder, wie aus der Abbildung ersichtlich, übergreifende Haltungen und Verhaltensdispositionen abbilden sollen. Vor diesem Hintergrund wird auch deutlich, warum es wichtig ist, bei der Beurteilung und Bewertung von Personen nicht nur deren Verhalten zu beobachten, sondern auch die dahinter liegenden Einstellungen und Werte zu hinterfragen. Die hierzu erforderliche Gesprächsführungskompetenz (vgl. auch Sarges, 1995) erwirbt man durch Schulung, und kann sie dann situativ im Gespräch einsetzen).

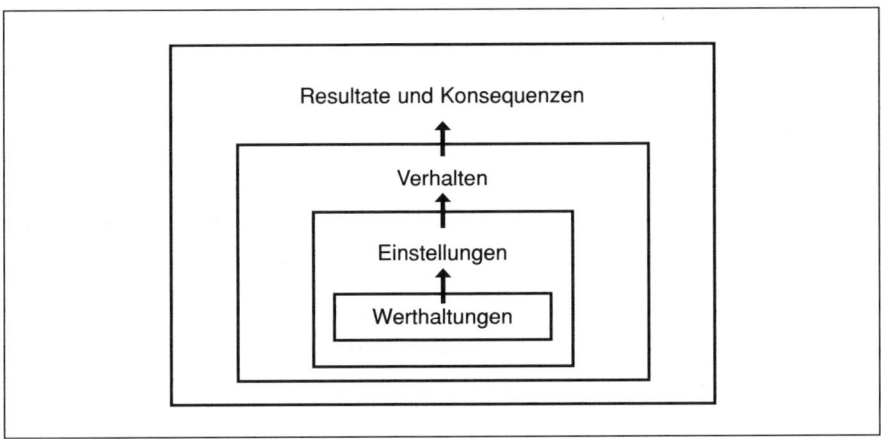

Für Veränderungen nicht nur auf der Verhaltensebene ansetzen

Abbildung 45:
Sog. „Wertezwiebel" zur Veranschaulichung verschiedener Ebenen einer Veränderung

4.2.4 Schritte der Veränderung nach einem Feedback

Die Modelle hierzu sind selbstverständlich nicht spezifisch für Persönlichkeitstests, vielmehr handelt es sich um Veranschaulichungen, wie sie generell zur Beschreibung von Verhaltensveränderungen bzw. zur Persönlichkeitsentwicklung genutzt werden. Das folgende Prozessmodell beruflicher Entwicklung beschreibt die Bedeutung von Feedback im Rahmen von Personalentwicklungsmaßnahmen: Diese führen zu Lerneinsichten, welche wiederum die berufliche Entwicklung vorantreiben.

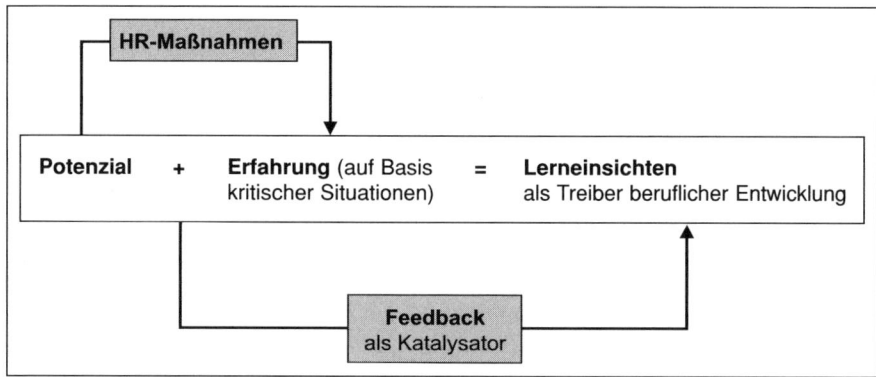

Abbildung 46:
Prozessmodell beruflicher Entwicklung: Feedback als Katalysator für Lernfortschritte
(Scherm & Sarges, 2002, S. 12, vgl. auch McCall, 1997)

Die folgende modellhafte Darstellung beschreibt darüber hinaus die Verbindung von Lerneinsichten und deren Festigung in Form neuer Verhaltensweisen im Betrieb, und wie diese zu einem veränderten Selbst-/Fremdbild führen können.

Der geschilderte Ablauf zeigt im Wesentlichen die vom Betrieb erwünschte Perspektive und präzisiert, in welchen Schritten die Veränderung ablaufen kann. Bezüglich der Innenperspektive der Person kann als Modell positiver Veränderung ein Kreislauf positiver Selbstverstärkung betrachtet werden. Er entstand als Gegenbild zu den bekannten negativen „Teufelskreisen" (aus Fehler-Kritik-Entmutigung-Demotivation-erneutem Fehler usf.). In Qualifizierungsprozessen wird immer wieder erlebbar – in Übereinstimmung zur Theorie –, dass Veränderungen vor allem durch Anreize ausgelöst werden. Vor diesem Hintergrund sind erfolgversprechende Ansatzpunkte zur Verhaltensveränderung das Setzen von Anreizen (durch Beschäftigung mit der Materie), das Vermitteln von Selbstbewusstsein (der Mut, sich zu trauen), und das Vermitteln von Erfolgserlebnissen (der Teilnehmer ist dem Ziel durch seine Aktivität näher gekommen).

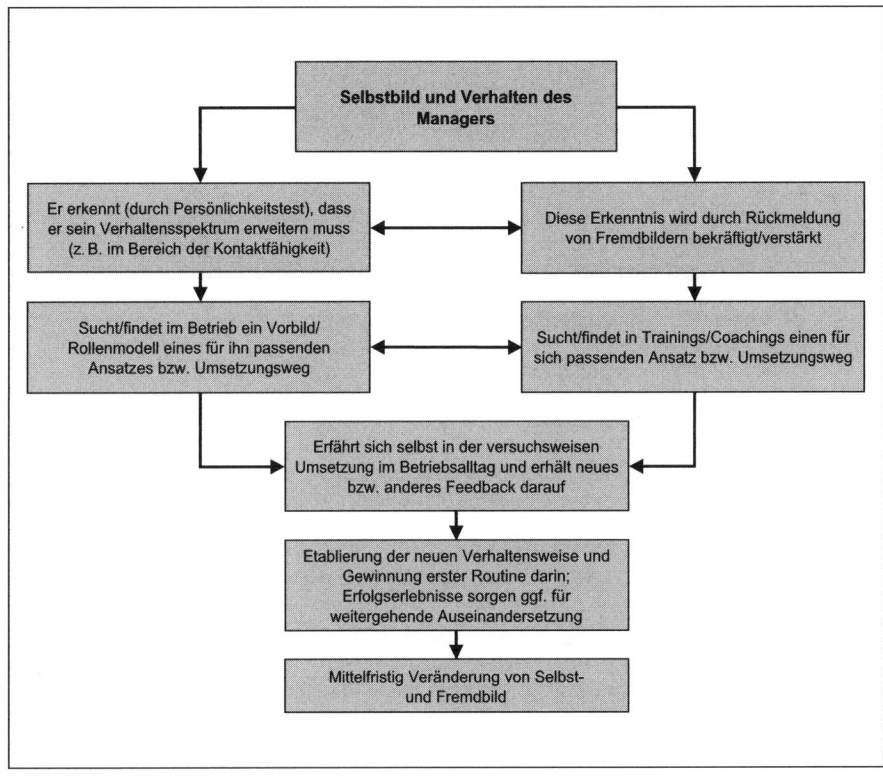

Abbildung 47:
Weiterentwicklung des Manager-Verhaltens durch Feedback
auf der Basis eines Persönlichkeitstests

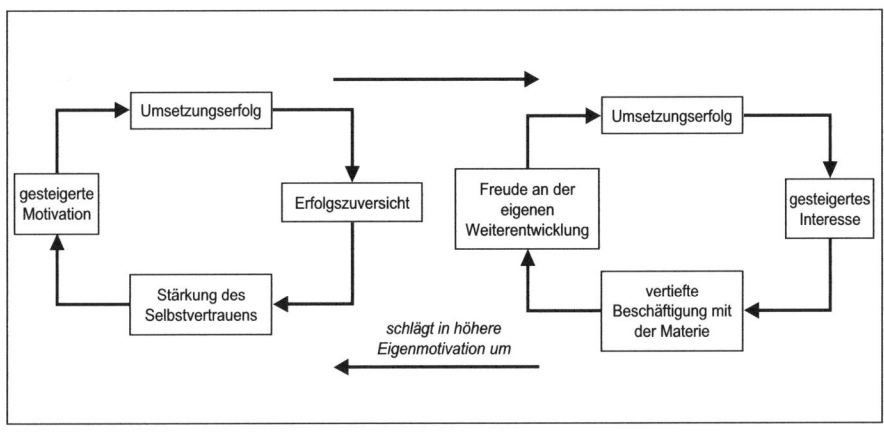

Abbildung 48:
Kreislauf positiver Selbstverstärkung (modifiziert nach Hüholdt, 2001)

Die folgende Darstellung verdeutlicht über die bisherigen Abbildungen hinaus die Rolle des direkten Vorgesetzten, der im Betrieb vor und nach Feedback- und anderen Personalentwicklungs-Maßnahmen durch zielgerichtetes Führungsverhalten (Schaffung von Verbindlichkeit, Unterstützung etc.) ebenfalls zur Veränderung beiträgt.

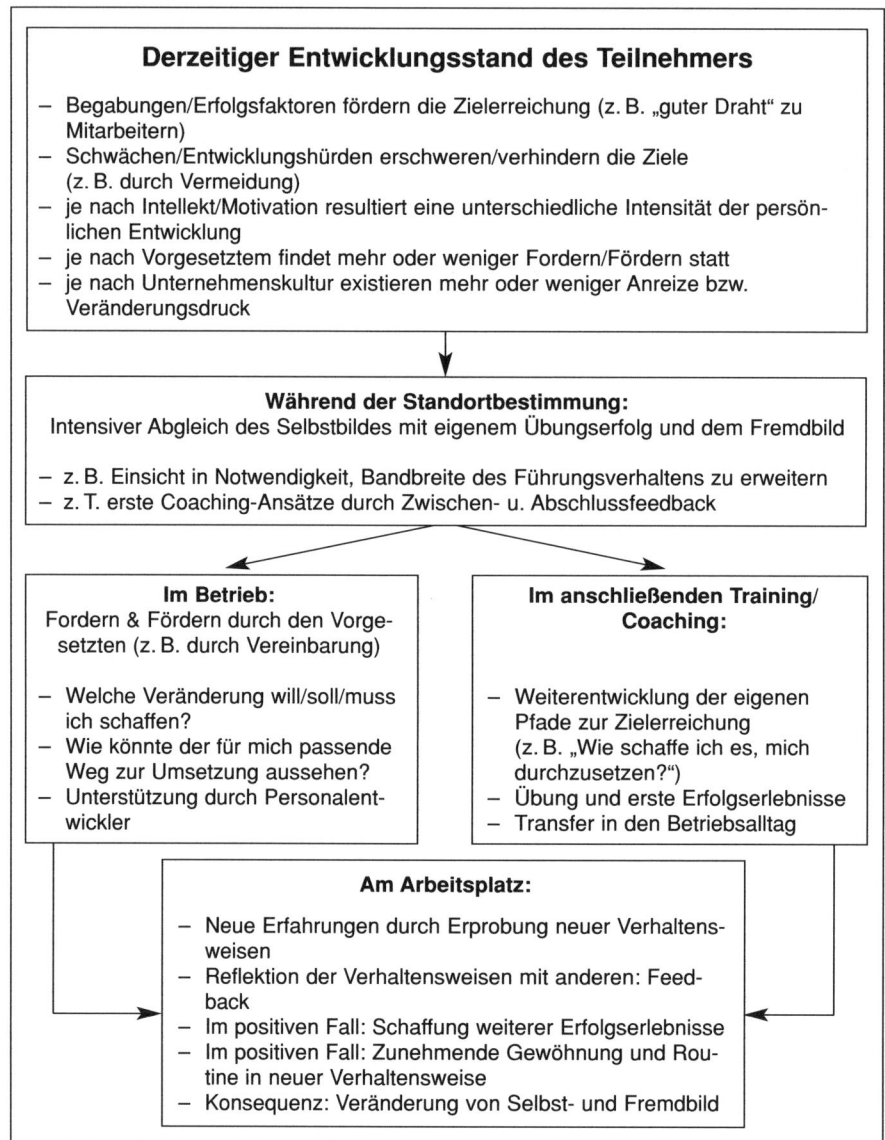

Abbildung 49:
Schema zur individuellen Weiterentwicklung während/nach einer Standortbestimmung

4.3 Effektivität und Prognose

Die Effektivität des Einsatzes von Persönlichkeitsfragebogen lässt sich wissenschaftlich mit den erreichten Gütekriterien des jeweiligen Verfahrens belegen, insbesondere mit der prognostischen Validität. Hier weisen die einschlägigen Untersuchungen eindeutig darauf hin, dass die ergänzende Untersuchung bestimmter Persönlichkeitsdimensionen mit wissenschaftlicher Methodik einen zusätzlichen Nutzen erbringt. Die Gültigkeit der diagnostischen Instrumente und Entscheidungen kann durch den gezielten Einsatz von fundierten Persönlichkeitstests erhöht werden. Belege hierzu finden sich vor allem in den zunehmend häufiger anzutreffenden Metaanalysen, wie im Folgenden ausgeführt wird. Wie in vielen anderen Forschungsfeldern der Psychologie auch ist allerdings anzumerken, dass kaum Längsschnittstudien vorliegen. Die Kennwerte der in diesem Band vorgestellten Persönlichkeitstests finden sich unmittelbar in den jeweiligen Abschnitten. In diesem Kapitel soll die übergreifende Gültigkeit von fundierten Persönlichkeitsmerkmalen für den Einsatz in Personalauswahl und -entwicklung dargestellt werden.

Sicherere Einschätzung durch Einsatz von Persönlichkeitstests

Erhöhte Validität durch den Einsatz von Persönlichkeitstests

Schmidt und Hunter (1977; vgl. auch Hunter & Schmidt, 1990) entwickelten eine Methode, mit der die Generalisierbarkeit von Validitätskennwerten über verschiedene Situationen überprüft werden konnte. Unter anderem durch statistische Korrekturen der Einzeluntersuchungen wurde es möglich, größere Anzahlen von Studien zusammenzufassen, und Aussagen zur Gültigkeit der untersuchten Persönlichkeitsmerkmale abzuleiten (vgl. auch Hossiep et al., 2000). Auch wenn die entwickelte Methodik verschiedenen Limitierungen unterliegt, erlaubte sie der persönlichkeitspsychologischen Forschung einen erheblichen Schritt nach vorn: Es konnte erstmals überzeugend gezeigt werden, dass bestimmte Persönlichkeitsmerkmale über unterschiedliche Regionen, Organisationen und Jahre hinweg einen substantiellen Zusammenhang mit Berufserfolgskriterien aufweisen. Wesentliche Erkenntnisse aus diesen Metaanalysen werden im Folgenden kurz dargestellt. Dabei ist zu berücksichtigen, dass in den meisten Fällen die Big Five-Persönlichkeitsfaktoren inhaltlich abgeleitet wurden, und nicht mit ihrer exakten heutigen Bedeutung in den Studien enthalten sein konnten, deren Daten bereits vor Jahrzehnten erhoben wurden.

Nachweis: Übergreifende Gültigkeit

Barrick und Mount (1991) untersuchten Studien zum Zusammenhang der Big-Five-Persönlichkeitsmerkmale mit Berufserfolg. Sie unterscheiden dabei fünf Berufsgruppen: Spezialisten, Polizisten, Manager, Verkäufer und Facharbeiter/angelernte Kräfte. Als Merkmale des Berufserfolgs bildeten sie die Gruppen Arbeitsleistung, Trainingserfolg, sowie Objektive Daten/Karriereverlauf (u. a. Gehalt, Arbeitsgeberwechsel, Beförderungen). Als wesentliches Ergebnis stellte sich heraus, dass es differenzierte Zusammenhänge zwischen einzelnen Persönlichkeitsmerkmalen und Berufsgruppen gibt:

Tabelle 25:
Zusammenhänge zwischen den Big-Five-Persönlichkeitsmerkmalen und Berufserfolg nach Barrick und Mount (1991; S. 13 ff.)

Big-Five-Persönlichkeitsmerkmal	Merkmal des Berufserfolges (Arbeitsleistung, Ausbildungsleistung bzw. Trainingserfolg, objektive Daten)/ **Höhe des Zusammenhangs (über alle Berufsgruppen)**	Zusammenhänge mit Persönlichkeitsmerkmalen beim Vergleich der Berufsgruppen (Spezialisten, Polizisten, Manager, Verkäufer und Facharbeiter/angelernte Kräfte)
Gewissenhaftigkeit	Alle Merkmale, $r = .20$ bis $.23$	Alle Berufsgruppen
Extraversion	Vor allem Trainingserfolg, $r = .10$ bis $.26$	Manager, Verkäufer
Offenheit für Erfahrung	Vor allem Trainingserfolg, $r = .01$ bis $.25$	Alle Teilnehmer; keine Berücksichtigung einzelner Berufsgruppen
Verträglichkeit	Vor allem Karriereverlauf, $r = .06$ bis $.14$	
Emotionale Stabilität	Mit allen Merkmalen kaum Zusammenhänge, $r = .07$ bis $.09$	

Eine inhaltliche Erweiterung des Zusammenhanges wurde von Tett, Jackson und Rothstein (1991) untersucht. Sie bauen ihre Metaanalyse auf der Überlegung auf, dass sich höhere Korrelationen zeigen sollten, wenn es einen inhaltlich begründeten Zusammenhang zwischen den ausgewählten Persönlichkeitsmerkmalen und den gewählten Erfolgskriterien gibt. Im Vergleich zu zufällig zusammengestellten Merkmalen können sie zeigen, dass sich dadurch deutlich höhere Zusammenhänge finden lassen (vgl. auch Hossiep et al., 2000, S. 86 f.). Soweit in den Untersuchungen vor der Auswahl der Persönlichkeitsmerkmale eine Tätigkeitsanalyse (vgl. z. B. Schuler, 2001) vorgenommen wurde, ergaben sich nochmals höhere Zusammenhänge. Dieser Befund verdeutlicht zentrale Rahmenbedingungen für die Validität von Persönlichkeitstests:

Auswahl der relevanten Persönlichkeitsmerkmale für die Testung

1. Die ausgewählten Persönlichkeitsmerkmale sollten für die untersuchten Berufsfelder von Bedeutung sein.
2. Geeignete Persönlichkeitsmerkmale lassen sich z. B. nach einer Anforderungsanalyse konkret ableiten.
3. Nach Möglichkeit sollen spezifische Persönlichkeitsmerkmale herangezogen werden. Sie weisen einen höheren Zusammenhang auf als allgemeine, weitgreifende Merkmale.

Tett et al. (1991) finden folgende korrigierte Validitätskennwerte, wobei hier keine Berufsgruppen unterschieden wurden:

Tabelle 26:
Korrigierte Validitätskennwerte für die Vorhersage des Berufserfolges
nach Tett, Jackson und Rothstein (1991, S. 726)

Big-Five-Persönlichkeitsmerkmal	Höhe des Zusammenhangs
Gewissenhaftigkeit	r = .16
Extraversion	r = .13
Offenheit für Erfahrung	r = .23
Verträglichkeit	r = .28
Emotionale Stabilität	r = .19

Salgado (1997) untersucht in einer Metaanalyse speziell Studien aus Ländern der Europäischen Union und knüpft an die Berufserfolgskriterien von Barrick und Mount (1991) an. Salgado sieht als Hauptergebnis die Bestätigung, dass Gewissenhaftigkeit und Emotionale Stabilität über alle Berufsgruppen auch in Euroopäischen Ländern ihre Gültigkeit erwiesen haben. Die übrigen Kriterien zeigen dies nur für manche Berufsgruppen, wie aus Tabelle 27 ersichtlich wird. *Weltweit vergleichbare Ergebnisse*

Tabelle 27:
Zusammenhänge zwischen den Big-Five-Persönlichkeitsmerkmalen und Berufserfolg
nach Salgado (1997; S. 34 ff.)

Big-Five-Persönlichkeitsmerkmal	Merkmal des Berufserfolges (Leistungsbeurteilung, Ausbildungsleistung bzw. Trainingserfolg, objektive Daten)/**Höhe des Zusammenhangs** (über alle Berufsgruppen)	Zusammenhänge mit Persönlichkeitsmerkmalen beim Vergleich der Berufsgruppen (Spezialisten, Polizisten, Manager, Verkäufer und Facharbeiter)
Gewissenhaftigkeit	Alle Merkmale, r = .11 bis .39	Alle Berufsgruppen
Extraversion	Vor allem Leistungsbeurteilung und objektive Daten, r = .03 bis .14	Vor allem Polizisten
Offenheit für Erfahrung	Vor allem Trainingserfolg, r = .02 bis .26	Polizisten und Facharbeiter
Verträglichkeit	Vor allem Trainingserfolg, r = .02 bis .26	Spezialisten und Polizisten
Emotionale Stabilität	Alle Merkmale, r = .12 bis .27	Alle Berufsgruppen (bis auf Verkäufer)

Im Jahr 2001 veröffentlichten Barrick, Mount und Judge eine Metaanalyse zweiter Ordnung, in die nicht Einzelstudien, sondern andere Metaanalysen einbezogen wurden (vgl. Tab. 28).

Tabelle 28:
Zusammenhänge zwischen den Big-Five-Persönlichkeitsmerkmalen und Berufserfolg nach Barrick, Mount und Judge (2001)

Big-Five-Persönlichkeitsmerkmal	Merkmal des Berufserfolges (Leistungsbeurteilung, objektive Daten, Ausbildungsleistung bzw. Trainingserfolg, Teamarbeit)/ **Höhe des Zusammenhangs (über alle Berufsgruppen)**	Zusammenhänge mit Persönlichkeitsmerkmalen beim Vergleich der Berufsgruppen (Spezialisten, Polizisten, Manager, Verkäufer und Facharbeiter)
Gewissenhaftigkeit	Alle Merkmale, $r = .23$ bis $.31$	Alle Berufsgruppen
Extraversion	Alle Merkmale, $r = .13$ bis $.16$, Trainingserfolg jedoch $r = .28$	Vor allem Management-bereich, nicht jedoch Fach-arbeiter
Offenheit für Erfahrung	Alle Merkmale, $r = .03$ bis $.16$, Trainingserfolg jedoch $r = .33$	Vor allem Manager und Spezialisten
Verträglichkeit	Alle Merkmale, $r = .13$ bis $.17$, Teamarbeit jedoch $r = .34$	In mittlerem Maße Polizisten, Manager und Facharbeiter
Emotionale Stabilität	Alle Merkmale, $r = .09$ bis $.13$, Teamarbeit jedoch $r = .22$	Alle Berufsgruppen, z. T. nur in geringem Ausmaß

Ihre Ergebnisse geben Aufschluss darüber, wie Persönlichkeitsmerkmale mit unterschiedlichen Erfolgskriterien zusammenhängen. Dabei zeigt sich folgende übergreifende Bedeutung der Big-Five-Merkmale:

Hauptergeb-nisse von Bewährungs-kontrollen

– Gewissenhaftigkeit hat über alle Berufgruppen hinweg die höchsten Zusammenhänge, mit allen Erfolgskriterien
– Neurotizismus zeigt über alle Berufsgruppen hinweg Zusammenhänge mit fast allen Kriterien, aber auf deutlich geringerem Niveau
– Offenheit zeigt Zusammenhänge vor allem für die stark vom zwischenmenschlichen Kontakt determinierten Kriterien (Ausbildungsleistung, Teamerfolg), und auch nur für einige Berufsgruppen (Manager, Spezialisten)
– Extraversion und Verträglichkeit zeigen je nach Kriterium mittlere bis hohe Zusammenhänge, jedoch sehr unterschiedlich ausgeprägt je nach Berufsgruppe.

In der Gesamtbewertung zeigt sich, dass bei den zusammengestellten Big-Five-Faktoren in unterschiedlichem Ausmaß durchaus von berufsgruppen- und situationsübergreifend gültigen Kennwerten ausgegangen werden kann. Damit ist ein Beleg für den Zusammenhang zum Berufserfolg in überzeugender Weise gegeben. Dabei ist noch nicht berücksichtigt, dass tatsächlich auf Grund einer Anforderungsanalyse ein zielgenau passender Persönlichkeitstest herangezogen wird, was in jedem Fall anzuraten ist. Unterstrichen wird die Bedeutung des Persönlichkeitstests noch, wenn man Kombinationsstudien hinzuzieht (vgl. z. B. Schmidt & Hunter, 1998). Die Autoren können kann klar zeigen, dass Persönlichkeitstests einen Beitrag leisten, der die anderen Verfahren (z. B. Interviews, Intelligenztests) ergänzt und die gesamte Validität des Prozesses verbessert.

Bedauerlicherweise liegen nur wenige Studien vor, die die Prognosekraft von Persönlichkeitsskalen über viele Jahre hinweg untersuchen. Wie Hossiep (1995, 2000) über lange Zeiträume hinweg zeigen kann, besteht hier möglicherweise ein „Wanneneffekt", d. h. dass die Prognostizität von Persönlichkeitsdimensionen erst langfristig zum Tragen kommt. Eine Reanalyse der bei Hossiep (1995) berichteten Daten ergibt beispielsweise für das Merkmal Emotionale Stabilität in Bezug auf das Kriterium „Betriebliche Leistungsbeurteilung" r = .33 (Zeitabstand zwischen Prädiktormessung und Kriteriumserhebung 18 Jahre).

Erhöhung der diagnostischen Kompetenz der beteiligten Personalfachleute und Führungskräfte durch die Arbeit mit fundierten Persönlichkeitstests

Für die betroffenen Führungskräfte, die Mitarbeiter einstellen oder platzieren wollen, spielt neben den wissenschaftlichen Testgütekriterien vor allem das Evidenzerleben im Verlaufe des Prozesses und später im Unternehmen eine Rolle. Wenn der diagnostische Prozess professionell durchgeführt wird, erleben die mit eingebundenen Führungskräfte in der Regel einen hohen Lerneffekt. Dieser umfasst einerseits die relevanten Bereiche der Persönlichkeit (wie ist die Mitarbeiterpersönlichkeit strukturiert?), zum anderen die Wahrnehmung der Teilnehmer, wenn man die fachliche Kompetenz und Berufserfahrung bewusst in den Hintergrund stellt. Die hier zutage tretenden Unsicherheiten, Einstellungen, oder auch Stärken und Reflektionen der Teilnehmer hinterlassen häufig Nachdenklichkeit bei den Führungskräften. Diese Nachdenklichkeit führt später im Betrieb zu einem stärkeren Hinterfragen der Mitarbeitermeinungen und zu einer strukturierteren Auseinandersetzung mit der Person des Gegenübers. In diesem Sinne liegt ein Teil der Effektivität beim Einsatz von Persönlichkeitsfragebogen auch in der Qualifizierung und Sensibilisierung der Führungskräfte. Es ist von daher empfehlenswert, Führungskräfte aus der Linie (nicht nur aus den Personal- oder Zentralbereichen) in die diagnostischen Prozesse einzubinden, und sie mit den Testverfahren vertraut zu machen.

Anwendung qualifiziert Führungskräfte

4.4   Varianten der Methode und Kombinationen

Die Integration von Persönlichkeitstests in den jeweiligen Prozess wurde bereits in Kapitel 4.1 und 4.2 beschrieben. An dieser Stelle soll vor diesem Hintergrund auf Sonderfälle eingegangen werden.

- *Eigenentwicklung eines Persönlichkeitstests*
  (der z. B. auf spezifische Anforderungen zugeschnitten ist)

**Rahmen-
bedingungen
für eine
sinnvolle Eigen-
entwicklung**
Eine Eigenentwicklung kann unter folgenden Bedingungen lohnenswert sein:
- Es ist kein Fragebogen verfügbar, der die eigenen Bedürfnisse erfüllt
- Der eigene Einsatz wird häufiger und über einen längeren Zeitraum hinweg anfallen
- Es ist absehbar, dass in Zukunft Veränderungen notwendig sein werden (z. B. veränderte Anforderungskriterien).

Soweit fachpsychologisches Know-how im Unternehmen vorhanden ist, kann die Entwicklung u. U. selbstständig vorgenommen werden. Nicht unüblich ist hierbei auch die Zusammenarbeit mit einer Universität, etwa im Rahmen einer Diplomarbeit an einer Fakultät für Psychologie. Allerdings sollte man sich allein von einer Diplomarbeit nicht zu viel versprechen, da es vielfach kaum möglich ist, die Bedürfnisse der Praxis voll abzudecken, so dass eine entsprechende Verzahnung mit Kompetenzträgern des Unternehmens meist unabdingbar ist. Ein gangbarer Weg besteht ebenfalls in der Hinzuziehung externer Experten, zum Beispiel diesbezüglich qualifizierter Beratungsunternehmen. Der Auftraggeber sollte sich im Klaren sein, dass ein erheblicher konstruktiver Aufwand unumgänglich ist. Wer als Berater verspricht, in wenigen Tagen ein seriöses Instrument *neu* zu entwickeln, ohne auf vorhandenes Material zurückzugreifen, ist kaum vertrauenswürdig. Für einen neu entwickelten Persönlichkeitsstrukturtest mit 5 bis 10 Dimensionen ist erfahrungsgemäß zumindest eine halbjährige Entwicklungszeit bei einem drei- bis vierköpfigen Testentwicklerteam zu erwarten (wenn Logistik, Dateneingabe, Programmierungsarbeiten etc. anderweitig geleistet werden). Das Know-how der Testkonstruktion wird vermutlich vor allem bei Diplom-Psychologen in ausreichendem Ausmaß vorhanden sein, da nur im Rahmen dieses Studienganges eine entsprechende universitäre Ausbildung erfolgt. Wenn eine entsprechende Anzahl an Durchführungen zu erwarten ist, dann kann die Eigenentwicklung trotzdem Kostenvorteile gegenüber dem Einsatz eines bestehenden Verfahrens bieten. Auch bei selbst erstellten Instrumenten sollte grundsätzlich eine Orientierung an den in Abbildung 37 genannten Fragen erfolgen, um ein hinreichendes Qualitätsniveau sicherzustellen.

- *Kombinierter Einsatz mehrerer Persönlichkeitstests*

Der gemeinsame Einsatz mehrerer Verfahren kann unter folgenden Bedingungen sinnvoll sein:
- Die Tests decken unterschiedliche relevante Persönlichkeitsbereiche ab.
- Die Tests werden ggf. an unterschiedlichen Stellen des Prozesses eingesetzt (z. B. in der Personalauswahl als Teil der Vorauswahl, und später ein anderes Instrument zum intensiven persönlichen Kennen lernen der verbliebenen Teilnehmer).
- Die Tests werden mit unterschiedlichem Fokus eingesetzt (vgl. das folgende Beispiel).

Der letzte Punkt wird z. B. durch folgendes Beispiel illustriert: So lässt sich zum Beispiel die Kombination eines eher kurzen und eher „groben" Instrumentes mit breit angelegten Skalen als „Screening-Instrument" mit einem Fragebogen zur Erfassung eines spezifischen Konstruktes, etwa zur Serviceorientierung, sinnvoll verknüpfen. Wenn sowohl allgemeine Verhaltensdispositionen (z. B. das soziale Verhalten) als auch sehr spezielle Eigenschaftsbereiche für eine Position von Bedeutung sind, erscheint der Einsatz mehrerer Instrumente sinnvoll, sofern kein Fragebogen vorliegt, der alle Bereiche umfasst. Für spezifische Subkonstrukte (am obigen Beispiel etwa die Serviceorientierung als „Kombination" des Verhaltens in sozialen Situationen sowie weiterer Eigenschaftsbereiche) werden häufig eigenständige, eher kurze Fragebogen konstruiert, da die Inhaltsbereiche nur auf manche Tätigkeiten zutreffen und somit in übergreifende und umfassende Verfahren nicht sinnvoll zu integrieren wären (Hossiep et al., 2000).

- *Persönlichkeitstests als Vorauswahlinstrument in der Personalauswahl und -platzierung*

Gerade zur Zeit- und Kostenersparnis wird immer wieder geplant, Persönlichkeitstests als Vorfilter in Auswahl- und Platzierungsprojekten einzusetzen. Dies führt oft zu Widerständen der Beteiligten und ist auch inhaltlich vom Instrument kaum zu leisten. Da der Persönlichkeitsfragebogen immer nur das Selbstbild der Person erfassen kann, ist hier zur Entscheidungsfindung zumindest das anschließende persönliche Gespräch erforderlich. Die Ergebnisse müssen hinterfragt werden, um eine Gesamtbewertung zu ermöglichen. Dies ist der Grund, weshalb Persönlichkeitstests wohl als Teil der Vorauswahl eingesetzt werden können, aber nie als *alleiniges* Vorauswahlinstrument. Auch wenn Instrumente existieren, deren Vermarkter vorgeben, die tatsächliche Persönlichkeit zu erfassen („… der Test sagt Ihnen, wie der Teilnehmer wirklich ist …"), so können diese Versprechen prinzipienbedingt vom Fragebogen nicht eingehalten werden.

Anders kann es sich etwa im Falle von Leistungs- oder Fertigkeitstests für einfach strukturierte Tätigkeiten oder für spezifische Ausbildungsberufe verhalten. In diesen Bereichen können Testverfahren die Vorauswahl in sachdienlicher Weise unterstützen, da hier Leistungsmaße erhoben werden, die sich sinnvoll quantitativ vergleichen lassen. Das Prinzip „Viel hilft viel" scheitert im Bereich der Persönlichkeit bereits daran, dass ein Mehr nicht immer ein Besser ist (es gibt z. B. auch ein Zuviel an „Durchsetzungsstärke"), aber auch daran, dass hier stets Selbst- und Fremdbild abgeglichen werden müssen.

4.5   Probleme bei der Durchführung

In diesem Abschnitt werden Problemstellungen dargestellt, wie sie gelegentlich in der betrieblichen Praxis beim Einsatz von Persönlichkeitstests anzutreffen sind. Dazu werden Lösungsansätze gegeben.

1. Umgang mit sozial erwünschtem Antwortverhalten

Umgang mit Überanpassung der Kandidaten

Die Problematik des sozial erwünschten Antwortverhaltens kann von keinem diagnostischen Instrument letztlich gelöst werden. Auch die in einigen Verfahren anzutreffenden so genannten „Lügenskalen" können von testerfahrenen Teilnehmern schnell identifiziert und entsprechend beschönigt werden. Nach eigenen Erkenntnissen (Hossiep & Paschen, 2003) lassen sich

1. Thematisieren	Der Diagnostiker beschreibt dem Teilnehmer seinen Eindruck und wartet dann die Reaktion des Teilnehmers ab. Handelt es sich um einen anpassungsorientierten Teilnehmer, passt dieser sich meist den Erwartungen an und wird authentischer. Ggf. erläutert der Diagnostiker, warum ehrliche/offene Antworten wichtig sind.

Wenn das sozial erwünschte Verhalten weiterhin unvermindert auftritt ➤ *Schritt 1 wiederholen, oder weiter zu 2*

2. Konfrontieren	Der Diagnostiker konfrontiert den Teilnehmer mit dem Problem (Kein Kennen lernen möglich auf Grund der sozial erwünschten Antworten) und wartet dessen Reaktion darauf ab. Die meisten Teilnehmer reagieren hier mit Betroffenheit und größerer Offenheit.

Wenn das sozial erwünschte Verhalten weiterhin unvermindert auftritt ➤ *Schritt 2 wiederholen, oder weiter zu 3*

3. Entscheiden	Erst jetzt sollte der Diagnostiker für sich bzw. mit den anderen Beteiligten eine Entscheidung darüber treffen, wie im diagnostischen Prozess weiter verfahren wird. Ggf. ist es hierzu hilfreich, eine kurze Pause einzulegen und sich mit den anderen Beteiligten abzustimmen.

Abbildung 50:
Anhaltspunkte zum Umgang mit sozial erwünschtem Verhalten in der diagnostischen Situation

114

zumindest zwei Motivationslagen identifizieren, die zu sozial erwünschtem Verhalten führen: 1. Die anpassungsorientierten Teilnehmer, die sich nach den vermeintlich erwarteten Anforderungen ausrichten. 2. Den bewusst mehr oder weniger stark täuschenden Teilnehmern, die sich hiermit einen vermeintlichen Vorteil verschaffen wollen. Das sozial wünschenswerte Verhalten betrifft nicht nur den Persönlichkeitsfragebogen, sondern zeigt sich meist durchgängig in der gesamten diagnostischen Situation, also auch im Interview, in Rollenspielen usw. Erfahrungsgemäß ist eine Aufarbeitung hier an die Gesprächsführungskompetenz des beteiligten Personalfachmanns gebunden (vgl. z. B. Sarges, 1995). Mit der geschilderten Vorgehensweise wurden positive Erfahrungen gesammelt. Sie bezieht sich auf alle Situationen, in denen man im Gespräch wiederholt mit sozial erwünschtem Verhalten konfrontiert ist. Das zu Grunde liegende Prinzip sollte sein, nicht direkt selbst zu entscheiden, sondern den Teilnehmer mit in die Verantwortung zu nehmen und ihm die Möglichkeit zur Verhaltenskorrektur zu geben. Es ist aufschlussreich, inwieweit der Teilnehmer diese Verantwortung annimmt und konstruktiv darauf eingeht.

2. Umgang mit persönlich-brisanten Informationen

Bisweilen offenbaren sich indirekt über die Thematisierung von Ergebnissen persönlichkeitsdiagnostischer Instrumente Informationen, die außerhalb der direkt berufsrelevanten Aspekte liegen. Dies kann durch intensive Rückmeldegespräch initiiert die Offenbarung einer Unterschlagung, von Kündigungsabsichten, einer Alkoholabhängigkeit, von psychischen Erkrankungen usw. sein. Obwohl Persönlichkeitstests für den Einsatz im Berufskontext alle Fragestellungen, welche die Intimsphäre betreffen, vollständig ausklammern sollten, werden vorgenannte Problemfelder bisweilen durch die Besprechung deutlich. In solchen Fällen ist selbstverständlich die Schwere der Problematik abzuwägen und zu differenzieren, ob man sich im Kontext von Personalauswahl, Personalentwicklung, Coaching oder Beratung bewegt. Im Zweifelsfall ist ein effektiver Coachingprozess nur zu gewährleisten, wenn absolute Vertraulichkeit besteht (vgl. Rauen, 2003). Hierzu ist auch im Unternehmenskontext die sog. Schweigepflicht, der Psychologen unterliegen, förderlich.

Wichtig: Vertraulichkeit

3. Mangelnde Kompetenz/Erfahrung der Durchführer

Diese Thematik tritt z. B. auf, wenn der Diagnostiker das Berufsfeld und dessen Anforderungen (noch) nicht ausreichend kennt, um ein Gespür für erforderliche Kompetenzen zu entwickeln. In diesem Fall ist es ratsam, bereits im Vorfeld der Maßnahme, also in der Entwicklung, die Zusammenarbeit mit übergeordneten Führungskräften zu suchen, die oberhalb der betreffenden Teilnehmerebene angesiedelt ist. Gerade die direkten Vorgesetzten der Teilnehmer einer Maßnahme können häufig sehr gut darüber Auskunft geben,

Hinzuziehung kompetenter Fachleute

- welchen Informations- bzw. Handlungsbedarf sie erleben
- welche Kompetenzen sie als stark bzw. gering ausgeprägt erleben
- was aus ihrer Sicht die relevanten Informationen eines diagnostischen Prozesses sein müssten.

Im Zweifelsfall ist es sinnvoll, einen qualifizierten Diplom-Psychologen einzubinden, der die Planung des diagnostischen Prozesses, der Instrumente sowie der Anforderungskriterien unterstützen kann.

4. Umsetzung der herausgearbeiteten Ergebnisse durch die Vorgesetzten (im Unternehmen)

Beteiligung des Vorgesetzten

Erfahrungsgemäß ist es hilfreich, die Vorgesetzten bereits in der Entwicklungsphase der Maßnahme einzubinden. Um die Weiterarbeit mit den Ergebnissen zu fördern, ist es häufig sehr wichtig, die praktische Bedeutung der Persönlichkeitsdimensionen ausführlich und konkret besprochen zu haben. Hilfreich ist hierbei insbesondere, wenn Führungskräfte bei Assessment-Projekten u. Ä. als aktive Beobachter mit teilnehmen. Ebenso wurden gute Erfahrungen damit gesammelt, die abzuleitenden Konsequenzen in Form von Workshops gemeinsam zu planen, und nicht nur in das weit gehende Belieben der jeweiligen Führungskraft zu stellen.

5. Umgang mit Ängsten und Befürchtungen gegenüber Persönlichkeitsfragebogen

Aufklärung und Schaffung von Transparenz

Hier ist in erster Linie ein kompetenter Ansprechpartner erforderlich, der in der Lage ist, Transparenz zu schaffen, die Sinnhaftigkeit des Vorgehens zu erläutern und darüber Akzeptanz zu schaffen. In der Regel lassen sich durch ausführliche Information und Kommunikation die meisten Bedenken ausräumen (vgl. auch Tab. 22 auf S. 85). Voraussetzung hierfür ist natürlich, dass das eingesetzte Verfahren für den Verwendungszweck geeignet ist.

6. Umgang mit mutmaßlich verfälschten Antworten

Korrektheit der Angaben prüfen

Anhand des Profils entsteht der Eindruck, der Teilnehmer habe seine Angaben verfälscht bzw. das Profil passt nicht zu den anderen Eindrücken von der Person. In diesem Fall sollten zunächst die Testantworten und die Ergebnisberechnung auf Stimmigkeit geprüft werden. Bei den Testfragen mit doppelter Verneinung sollte die Korrektheit der Antworten geprüft werden (ggf. hat der Teilnehmer diese systematisch missverstanden). Anschließend sollte geprüft werden, ob die richtigen Profilwerte aus dem Testmanual übertragen wurden. Ist dies alles erfolgt, sollte inhaltlich angeknüpft werden (vgl. auch die anliegende Karte 2 Profilinterpretation).

116

7. Umgang mit Testergebnissen, bei denen sich viele Dimensionen in einem gering ausgeprägten Bereich befinden

Hier ist es hilfreich, im Rückmeldegespräch besonders sensibel vorzugehen. Dazu kann z. B. die Rückmeldung sehr beschreibend gestaltet werden (z. B.: „Hier haben Sie offenbar sehr stark in dem Sinne geantwortet, dass Sie schon häufig Selbstzweifel haben …").

Individuelles Vorgehen im Rückmeldegespräch

Es sollte im obigen Fall Folgendes unterschieden werden:
- Fragebogen mit transparenten, eindeutigen Testfragen
- Fragebogen, bei denen die Testfragen nicht in erkennbarem Zusammenhang mit den Anforderungen stehen.

Im ersten Fall (transparente Testfragen) ist die Situation meist unproblematisch, denn die Teilnehmer rechnen im Allgemeinen bereits mit einem entsprechenden Ergebnis. Sie haben dann den Fragebogen offenbar ehrlich oder möglicherweise auch selbstkritisch bearbeitet und sich bei den Einzelfragen häufiger für diejenige Antwort entschieden, die die Ergebnisse im niedrigen Skalenbereich begünstigt. Bei diesen Instrumenten ist das Ergebnis für die Teilnehmer demzufolge meist nicht überraschend. Die Offenheit, mit der der Fragebogen bearbeitet wurde, setzt sich bei sensibler Gesprächsführung in der Regel auch im Gespräch fort. Insofern können die Ergebnisse eine gute Ausgangssituation für ein tief und intensiv geführtes Gespräch bilden.

Im zweiten Fall (intransparente Testfragen ohne klaren Anforderungsbezug) kann eher der Fall eintreten, dass Teilnehmer von ihrem Ergebnis überrascht sind. In diesem Fall sollte im gemeinsamen Gespräch herausgearbeitet werden, in welchen Aspekten des Ergebnisses sich der Teilnehmer gut repräsentiert sieht und bei welchen Bereichen eine Abweichung zur Selbsteinschätzung vorliegt. Gegebenenfalls kann auch im Einzelnen nachvollzogen werden, wie bestimmte Antworten zu einem gering ausgeprägten Ergebnis geführt haben. Meist lässt sich auf diesem Wege erreichen, dass der Teilnehmer das Zustandekommen des Ergebnisses nachvollzieht. Auch wenn der Teilnehmer sein Ergebnis dann nicht als passend für sich empfindet, lässt sich im gemeinsamen Gespräch immer noch erarbeiten, wie er denn die jeweiligen inhaltlichen Themen (z. B. Kontaktverhalten, Selbstvertrauen) gegenübersteht.

Als unbefriedigend wird jedoch fast immer erlebt, wenn ein aus Teilnehmersicht diskussionswürdiges Ergebnis nicht besprochen werden kann oder darf, weil dies im Prozess nicht ausdrücklich vorgesehen ist. Es ist von daher ratsam, immer Möglichkeiten zur Besprechung von Ergebnissen zu schaffen, selbst wenn diese zeitlich nachgelagert sind.

5   Fallbeispiel aus der Unternehmenspraxis

- *Projektbeschreibung*

Platzierungs-projekt in der Industrie

Beschrieben wird im Folgenden der Einsatz eines Persönlichkeitsfrage-bogens in einem Platzierungsprojekt in der chemischen Industrie. Das Projekt ist den Verfassern soweit bekannt, dass darüber zielführend be-richtet werden kann. Außerdem konnte der Leiter der Personalentwick-lung gewonnen werden, seinen Eindruck über den Nutzen des Persön-lichkeitstests im Rahmen des Projektes darzulegen (vgl. Abb. 52).

- *Zielsetzung des Projektes*

Umstruk-turierung der Produktion

In einem Unternehmen der chemischen Industrie sollte eine Umstruk-turierung der Produktion erfolgen. Es handelte sich dabei um mehrere angrenzende Produktionsbereiche, die bis dato im Schichtbetrieb von jeweils einem Betriebsmeister und seinem Vorarbeiter geführt wurden. Ziel war es, jeweils zwei angrenzende Bereiche von nur noch einem Meister führen zu lassen, der in jedem Teilbetrieb einen „aufgewerteten" Vorarbeiter zur Seite gestellt bekommt. Dies brachte mit sich, dass die neue Meisteraufgabe einen stärkeren Management-Anteil aufweist, wo-hingegen der Anteil der Fachaufgaben für die neue Meisterfunktion zu-rückgeht. Für die Gruppe der Meister und Vorarbeiter sollte eine Poten-zialanalyse durchgeführt werden, um festzustellen, wer für die neue Aufgabe geeignet ist und welche Führungskräfte auf einer Schicht zu-sammenarbeiten sollten. Die Potenzialanalyse sollte eine Entscheidungs-hilfe zu diesen Fragen erbringen. Außerdem sollte die Grundlage gelegt werden, die Führungskräfte systematisch und individuell weiterzuent-wickeln.

- *Vorgehen*

AC-Methodik inkl. Testeinsatz und Interview

Mit der Entwicklung und Durchführung der Potenzialanalyse wurde eine Beratungsgesellschaft beauftragt. Diese erarbeitete in einem Planungs-workshop mit den Produktionsleitern der Bereiche die erforderlichen In-halte und Anforderungsdimensionen für die Potenzialanalyse. Es wurde vereinbart, die Assessment Center-Methodik einzusetzen, und um ein aus-führliches Interview sowie einen kognitiven Leistungstest und einen Per-sönlichkeitstest zu ergänzen. Als Persönlichkeitstest wurde das Bochumer Inventar zur berufsbezogenen Persönlichkeitsbeschreibung (BIP, Hossiep & Paschen, 2003) ausgewählt. Durch die frühe Festlegung auf das BIP konnten bei der Ableitung des Anforderungsprofils die Oberbereiche der einzelnen Anforderungskriterien an die Oberbereiche des BIP angelehnt werden (vgl. Abb. 51).

118

Abgleich des Fremdbildes anhand der Anforderungskriterien mit dem Selbstbild anhand des BIP: Verglichen werden der Profil*verlauf* und die *Ausprägungen* des Profils in den verschiedenen Persönlichkeitsbereichen. Eine *exakte* Vergleichbarkeit der Dimensionen ist dazu nicht erforderlich. Das Profil zeigt die anonymisierten Ergebnisse eines Teilnehmers.

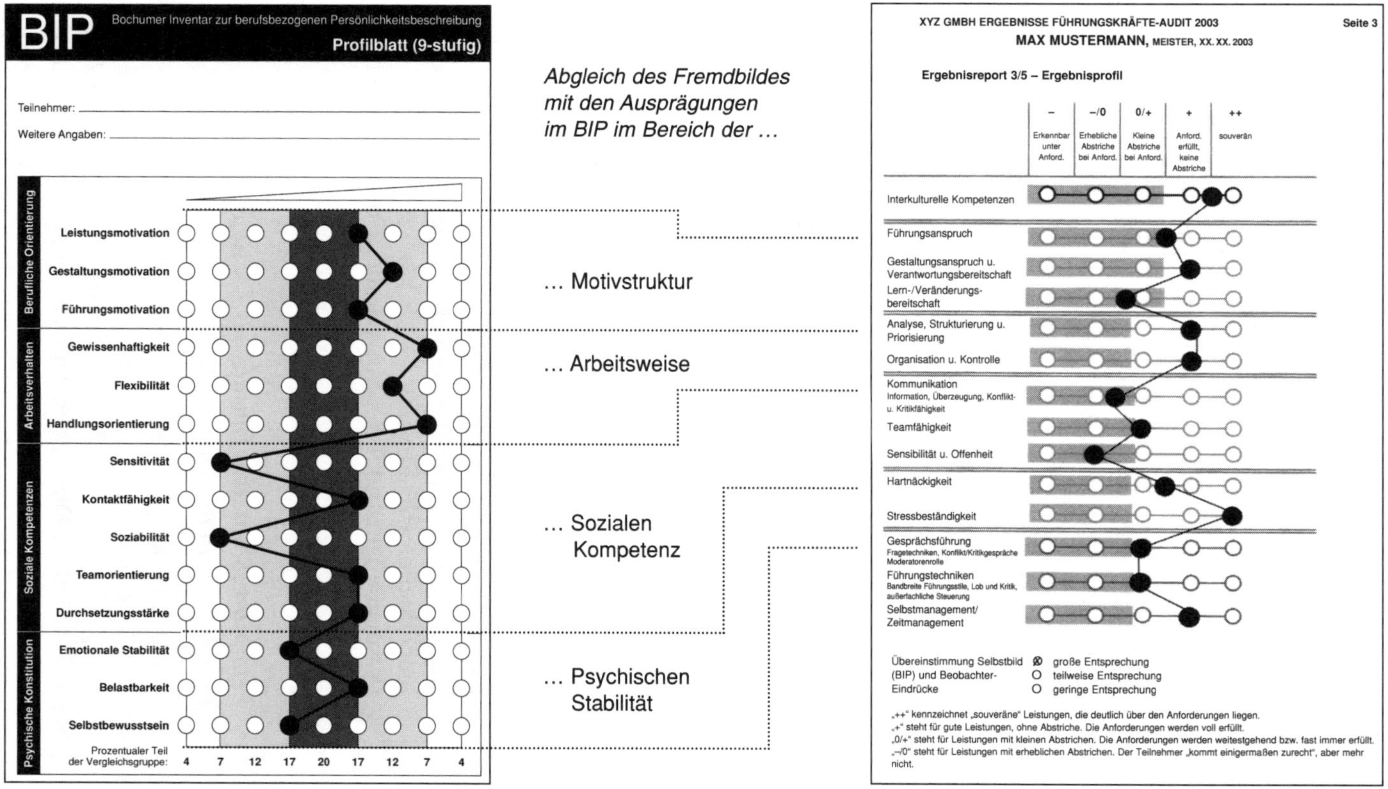

Abbildung 51:
Abgleich von Fremd- und Selbstbild (BIP)

- *Entwicklung der Potenzialanalyse und Integration des BIP*

Integration des Persönlichkeitstests

Die Potenzialanalyse wurde als insgesamt ca. 5-stündiger Prozess je Person konzipiert. Auf Grund der Zielgruppe gewerblich-technischer Führungskräfte wurde abgewogen, inwieweit ein umfassender Persönlichkeitsfragebogen hier sinnvoll eingesetzt werden kann. Auf Grund der transparenten und berufsnahen Gestaltung der BIP-Testfragen wurde beschlossen, den Einsatz zu erproben. Diese Entscheidung fiel auf Grund von Vorerfahrungen der beteiligten Diagnostiker und Berater, die häufig erlebt hatten, dass das BIP-Profil über Assessment-Übungen hinaus wichtige Ansatzpunkte für ein vertiefendes, persönliches Gespräch liefert. Die Teilnahme am BIP wurde daher für den Anfang der Potenzialanalyse eingeplant, unmittelbar nach der Begrüßung und Einführung. Auf diese Weise konnten inhaltliche Fragen der Teilnehmer und Klärungsbedarf zum Ergebnisprofil noch im Verlauf des Prozesses behandelt werden, und das Ergebnisprofil lag bereits vor der Durchführung des Interviewteils vor (vgl. Abb. 38 auf S. 92 für den Ablaufplan).

Weitere Schritte nach Abschluss der eigentlichen Potenzialanalyse

- Erstellung der Ergebnisdokumentationen und Vorstellung/Diskussion mit dem jeweiligen Vorgesetzten (dabei Abgleich aller Ergebnisse mit den fachlichen Eindrücken sowie den Eindrücken aus dem Betriebsalltag)
- Entscheidung/Diskussion über die personelle Zuordnung der zukünftigen Schichten durch die Produktionsleitung
- Aushändigen von BIP-Ergebnisprofil und Teilnehmer-Informationsbroschüre an die Teilnehmer
- Ergebnisgespräch zwischen Teilnehmer und jeweiligem Produktionsleiter
- Qualifizierungen für alle Teilnehmer (darin u. a. Anknüpfung an die individuellen BIP-Profile)
- Personelle Umstrukturierung, parallel Controlling durch die Produktionsleitung

---

- *Erfahrungen mit dem Einsatz des Persönlichkeitsfragebogens in diesem Projekt*

Problemlose Durchführung

Die große Mehrheit der Teilnehmer konnte den Fragebogen problemlos bearbeiten, und meldete ausdrücklich zurück, mit den Fragen gut zurecht gekommen zu sein, obgleich meist erstmalig ein Persönlichkeitsfragebogen bearbeitet wurde. Die Beobachter hatten sich bewusst für eine sehr partnerschaftliche und auch feedback-orientierte Durchführungsweise entschieden. So wurden bei Unsicherheiten in den Übungen auch kurze „Coaching-/

Feedback-Ansätze" eingeschoben, um Handlungskompetenz und Selbstvertrauen der Meister und Vorarbeiter zu unterstützen. Insgesamt wurde diese Herangehensweise von den meisten Teilnehmern sehr positiv aufgenommen, in diesem Zusammenhang wurde auch die Zielsetzung des Persönlichkeitsfragebogens erkannt und akzeptiert.

Das sprachliche Verständnis der Testfragen stellte für alle Teilnehmer bis auf eine Person kein Problem dar. Bei diesem Teilnehmer zeigte sich bereits bei der Testanleitung, dass kein Verständnis der Inhalte gegeben war. Die Bearbeitung wurde daraufhin abgebrochen. Bereits im Interview zeigte sich jedoch erneut, dass der Teilnehmer eine deutlich zu geringe Sprachkompetenz aufwies, um seiner Führungsaufgabe gerecht zu werden. So war z. B. bereits das Lesen/Verstehen von Betriebsanweisungen und Arbeitsunterlagen nicht hinreichend möglich.

Die Ergebnisprofile wurden von den Teilnehmern zumeist bestätigt, sie fanden sich in ihrem Ergebnisprofil gut wieder. Für die Beobachter lieferte das Profil vielfach wichtige Hinweise, speziell zum Bereich der Psychischen Konstitution sowie zum Bereich der Motivstruktur. Der frühzeitige Einsatz des BIP wurde als sehr hilfreich erlebt, da im Interview bereits vielfältige Ansatzpunkte vorhanden waren. Zugleich diente das BIP-Profil dazu, einen Einstieg in das Thema „Persönlichkeit" zu finden. Nach der Rückmeldung des Ergebnisprofils war meist bereits eine inhaltliche Tiefe im Gespräch vorhanden, an die mit den strukturierten Interviewfragen weiter angeknüpft werden konnte. Auch für die Produktionsleiter und die gemeinsamen Ergebnisdurchsprachen war das BIP-Profil eine hilfreiche Ergänzung, welche die eigenen Erlebnisse und die Potenzialanalyse-Resultate noch einmal gut auf den Punkt brachte. Selbst- und Fremdbild stimmten in der überwiegenden Anzahl der Fälle gut überein. Wo sich krasse Gegensätze fanden, konnte dies meist mit dem Erleben der Person in Verbindung gebracht werden (z. B. „hohe Anforderungen an andere, geringe Erwartungen an sich selbst"; im BIP-Profil dabei sehr gering ausgeprägtes Leistungsmotiv, aber hoch ausgeprägtes Selbstbewusstsein).

Insgesamt war das BIP eine wertschöpfende Komponente, die das Hineinkommen ins Thema erleichterte, wichtige Anknüpfungspunkte bot, und die Ergebnisrücksprachen mit den Produktionsleitern befördert hat. Besonders hervorzuheben ist, dass dies alles vor dem Hintergrund einer sehr transparenten, offenen und partnerschaftlichen Durchführung gelang. Die oft befürchtete soziale Erwünschtheit in den Testaussagen kam nicht nennenswert zum Tragen; im Gegenteil entstand der deutliche Eindruck, dass gerade die vertrauensvolle gemeinsame Auseinandersetzung die gute Ergebnisqualität ermöglicht und gefördert hat. Über diese Beschreibung hinaus wurde der Leiter der Personalentwicklung um seine Sicht der Dinge gebeten, die sich nachfolgend in Abbildung 52 findet.

> Zusammenfassend haben wir durch den Einsatz des Persönlichkeitstests im Rahmen unseres Platzierungsprojektes folgenden Nutzen gezogen:
>
> Der Einsatz des Persönlichkeitstest hat allen wichtigen Entscheidern zu mehr Verständnis hinsichtlich unterschiedlicher Persönlichkeitsmerkmale und daraus resultierender Mitarbeitertypen verholfen. Dabei war die Durchführung einer Selbsteinschätzung sowie ein gemeinsamer Workshop zur Qualifikation dieser Funktionsebene sehr hilfreich.
>
> Unsere Führungskräfte können nunmehr professioneller ihre Mitarbeiter wahrnehmen und einschätzen. Darüber hinaus war es interessant zu beobachten, dass die für das Verfahren verantwortlichen Führungskräfte, eine Reflexion ihrer eigenen Persönlichkeit erlebt haben, was auch eine Entwicklung auf dieser Ebene ausgelöst hat.
>
> Für die Teilnehmer war es von großem Vorteil, ihre Stärken und Schwächen anhand der Selbst- und Fremdeinschätzung besser erklärbar machen zu können, was durch eine gute Vernetzung des Persönlichkeitstests mit den spezifischen Anforderungsebenen der Potenzialanalyse unterstützt wurde. Im Kern führte das zu einer Versachlichung der Feedbackgespräche und Diskussionen.
>
> Insgesamt führte der Einsatz des Persönlichkeitstests bei allen Beteiligten zu mehr Verständnis und Akzeptanz für das gesamte Potenzialanalyse-Verfahren, insbesondere hinsichtlich der daraus resultierenden Entscheidungen und Entwicklungsmaßnahmen.

Abbildung 52:
Kommentar zum Nutzen des BIP im Platzierungsprojekt aus Sicht
des Leiters der Personalentwicklung

6 Literaturempfehlungen

Hossiep, R., Paschen M. & Mühlhaus, O. (2000). *Persönlichkeitstests im Personalmanagement*. Göttingen: Verlag für Angewandte Psychologie.
Sarges, W. (2000) (Hrsg.). *Management-Diagnostik* (3. Aufl.). Göttingen: Hogrefe.
Schuler, H. (2000). *Psychologische Personalauswahl. Einführung in die Berufseignungsdiagnostik*. (3. Aufl.). Göttingen: Verlag für Angewandte Psychologie.

7 Literatur

Andresen, B. (1995). Risikobereitschaft (R) – der sechste Basisfaktor der Persönlichkeit: Konvergenz multivariater Studien und Konstruktexplikation. *Zeitschrift für Differentielle und Diagnostische Psychologie, 16,* 210–236.
Antons, K. (2000). *Praxis der Gruppendynamik* (8. Aufl.). Göttingen: Hogrefe.
Amelang, M. & Bartussek, D. (2001). *Differentielle Psychologie und Persönlichkeitsforschung* (5. Aufl.). Stuttgart: Kohlhammer.
Asendorpf, J. B. (2004). *Psychologie der Persönlichkeit* (3. Aufl.). Berlin: Springer.

Barrick, M. R. & Mount, M. K. (1991). The Big Five Personality Dimensions and Job Performance: A Meta-Analysis. *Personnel Psychology, 44,* 1–26.

Barrick, M. R., Mount, M. K. & Judge, T. A. (2001). Personality and performance at the beginnung of the new Millenium: What do we know and where do we go next? *International Journal of Selection and Assessment, 9,* 9–30.

Barthel, E. (1989). *Nutzen eignungsdiagnostischer Verfahren bei der Bewerberauswahl.* Frankfurt a. M.: Lang.

Bents, R. & Blank, R. (1995). *Myers-Briggs-Typenindikator (MBTI)* (2. Aufl.). Göttingen: Beltz Test GmbH.

Bents, R. & Blank, R. (2003). *Der M.B.T.I.* (4. Aufl.). München: Claudius.

Bents, R. & Blank, R. (2005). *Typisch Mensch. Einführung in die Typentheorie* (3. Aufl.). Göttingen: Beltz Test GmbH.

Borkenau, P. & Ostendorf, F. (1993). *NEO-Fünf-Faktoren-Inventar (NEO-FFI).* Göttingen: Hogrefe.

Brähler, E., Holling, H., Leutner, D. & Petermann, F. (Hrsg.) (2002). *Brickenkamp Handbuch psychologischer und pädagogischer Tests* (3. Aufl.). Göttingen: Hogrefe.

Cattell, R. B. (1995). The fallacy of the five factors in the personality sphere. *The Psychologist, 8,* 207–208.

Cascio, W. F. (1991). *Costing human resources: The financial impact of behaviour and organizations* (3rd ed.). Boston: Kent.

Cronbach, L. J. & Gleser, G. C. (1965). *Psychological tests and personnel decisions* (2nd ed.). Urbana: University of Illinois Press.

Domsch, M. E., Regnet, E. & Rosenstiel, L. v. (Hrsg.). (2001). *Führung von Mitarbeitern. Fallstudien zum Personalmanagement* (2. Aufl.). Stuttgart: Schäffer-Poeschel.

Eggert, D. (1983). *Eysenck-Persönlichkeits-Inventar* (2. Aufl.). Göttingen: Hogrefe.

Erpenbeck, J. & Rosenstiel, L. v. (Hrsg.). (2003). *Handbuch Kompetenzmessung.* Stuttgart: Schäffer-Poeschel.

Etzel, S. & Küppers, A. (2000). *Pro facts 360°-Assessment.* Nürnberg: pro facts assessment & training.

Etzel, S. & Küppers, A. (2002). *Innovative Managementdiagnostik.* Göttingen: Hogrefe.

Eysenck, H. J. (1960). *The Structure of Human Personality* (2nd ed.). London: Methuen.

Fahrenberg, J., Hampel, R. & Selg, H. (2001). *Freiburger Persönlichkeitsinventar (FPI-R)* (7. Aufl.). Göttingen: Hogrefe.

Fischer-Epe, M. (2002). *Coaching: Miteinander Ziele erreichen.* Reinbek: Rowohlt.

Freedman, M. D., Leary, T. F., Ossorio, A. G. & Coffey, H. S. (1951). The interpersonal dimension of personality. *Journal of Personality, 20,* 143–161.

Freud, S. (1952–1968). *Gesammelte Werke, 18. Bände.* Frankfurt a. M.: Fischer.

Gay, F. (Hrsg.). (2003). *DISG-Persönlichkeits-Profil.* (30. Aufl.). Offenbach: Gabal.

Golden, J. P., Bents, R. & Blank, R. (2004). *Golden Profiler of Personality.* Dt. Adaptation des Golden Personality Type Profiler. Bern: Huber.

Gray, H. & Wheelwright, J. B. (1964). *Jungian type survey* (JTS). San Francisco: Society of Jungian Analysts of Northern California.

Hall, C. S. & Lindzey, G. (1978). *Theorien der Persönlichkeit* (Bd. 1). München: Beck.

Hakelmacher, S. (1996). *Vom Teen-Ager zum Man-Ager. Über den Wolken der Spitzenleistungen* (2. Aufl.). Wiesbaden: Gabler.

Hathaway, S. R. & McKinley, J. C. (2000). *Minnesota Multiphasic Personality Inventory 2 (MMPI-2).* Bern: Huber.

Hatzelmann, E. & Wakenhut, R. (2000). Probleme der Situationsdiagnostik. In W. Sarges (Hrsg.), *Management-Diagnostik* (3. Aufl., S. 135–141). Göttingen: Hogrefe.

Häcker, H. & Stapf, K. H. (2004). *Dorsch Psychologisches Wörterbuch* (14. Aufl.). Bern: Huber.

Heinze, B. (2000). Graphologie. In W. Sarges (Hrsg.), *Management-Diagnostik* (3. Aufl., S. 470–474). Göttingen: Hogrefe.

Holling, H. (2002). Monetäre Nutzenanalyse. In U. P. Kanning & H. Holling (Hrsg.). *Handbuch personaldiagnostischer Instrumente*, S. 545–556. Göttingen: Hogrefe.

Hornke, L. & Winterfeld, U. (2004) (Hrsg.). *Eignungsbeurteilungen auf dem Prüfstand: DIN 33430 zur Qualitätssicherung*. Heidelberg: Spektrum.

Hossiep, R. (1995). *Berufseignungsdiagnostische Entscheidungen*. Göttingen: Hogrefe.

Hossiep, R. (2000). Konsequenzen aus neueren Erkenntnissen zur Potentialbeurteilung. In L. v. Rosenstiel & T. Lang v. Wins (Hrsg.). *Perspektiven der Potentialbeurteilung*, S. 75–105. Verlag für Angewandte Psychologie: Göttingen.

Hossiep, R. (2003a). Assessment Center. In K. D. Kubinger & R. S. Jäger (Hrsg). *Schlüsselbegriffe der Psychologischen Diagnostik*, S. 43–54. Weinheim: Beltz PVU.

Hossiep, R. (2003b). Personalauswahl. In A. E. Auhagen & W. Bierhoff (Hrsg.). *Angewandte Sozialpsychologie*, S. 260–278. Weinheim: Beltz PVU.

Hossiep R., Paschen M. & Mühlhaus, O. (2000): *Persönlichkeitstests im Personalmanagement*. Göttingen: Verlag für Angewandte Psychologie.

Hossiep, R. & Paschen, M. (2003; unter Mitarbeit von O. Mühlhaus). *Bochumer Inventar zur berufsbezogenen Persönlichkeitsbeschreibung (BIP)* (2. Aufl.). Göttingen: Hogrefe.

Hoyningen-Huene, G. v. (1997). Der psychologische Test im Betrieb. Rechtsfragen für die Praxis. Heidelberg: Sauer.

Hunter, J. E. & Schmidt, F. L. (1990). Methods of Meta-Analysis: Correcting Error and Bias in Research Findings. London: Sage.

Hüholdt, J. (2001). *Wunderland des Lernens. Lernbiologie, Lernmethodik, Lerntechnik* (12. Aufl.). Bochum: Studienkreis Verlag für Pädagogik und Didaktik.

Jung, C. G. (1989). *Psychologische Typen* (16. Aufl.). Olten: Walter.

Kaplan, S. J. & Kaplan E. W. B. (1983). *The Kaplan Report. A study of the validitay of personal profile system*. Kaplan Associates Chevy Chase, Maryland: Carlson Learing Company.

Kanning, U. P. & Holling, H. (Hrsg.). (2002). *Handbuch personaldiagnostischer Instrumente*. Göttingen: Hogrefe.

Kersting, M. (2004). Kosten und Nutzen beruflicher Eignungsbeurteilungen. In L. Hornke & U. Winterfeld (Hrsg.): *Eignungsbeurteilungen auf dem Prüfstand: DIN 33430 zur Qualitätssicherung*, S. 55–77. Heidelberg: Spektrum.

Kleinmann, M. (2003). *Assessment-Center*. Göttingen: Hogrefe.

Kleinmann, M. & Strauß, B. (Hrsg.) (2000). *Potentialfeststellung und Personalentwicklung* (2. Aufl.). Göttingen: Verlag für Angewandte Psychologie.

Kubinger, K. D. (2003a). Objektive Persönlichkeitstests. In K. D. Kubinger & R. S. Jäger (Hrsg.). *Schlüsselbegriffe der psychologischen Diagnostik* (S. 304–309). Weinheim: Beltz PVU.

Kubinger, K. D. (2003b). Gütekriterien. In K. D. Kubinger & R. S. Jäger (Hrsg.). *Schlüsselbegriffe der psychologischen Diagnostik* (S. 195–204). Weinheim: Beltz PVU.

Kubinger, K. D. & Ebenhöh, J. (1996). *Kurze Testbatterie: Arbeitshaltungen*. Test: Software und Manual. Frankfurt a. M.: Swets.

Kuhl, J., Scheffer, D. & Eichstaedt, J. (2003). Der Operante Motiv-Test (OMT): Ein neuer Ansatz zur Messung impliziter Motive. In F. Rheinberg & J. Stiensmeier-Pelster (Hrsg.), *Diagnostik von Motivation und Selbstkonzept* (S. 129–149). Göttingen: Hogrefe.

Laux, L. (2003). *Persönlichkeitspsychologie*. Stuttgart: Kohlhammer.

Lienert, G. A. & Raatz, U. (1994). *Testaufbau und Testanalyse* (5. Aufl.). Weinheim: Beltz PVU.

Lohff, A. (2000). Internationale Assessment und Development Center. In W. Sarges (Hrsg.), *Weiterentwicklungen der Assessment Center-Methode* (3. Aufl., S. 205–215). Göttingen: Verlag für Angewandte Psychologie.

London, M. & Smither, J. W. (1995). Can multi-source feedback change perceptions of goal accomplishment, self-evaluations, and performance related outcomes? Theory-based applications and directions for research. *Personnel Psychology, 48,* 803–839.

McCall, M. W. (1997). *High flyers. Developing the next generation for leaders*. Boston: Harvard Business School Press.

Marston, W. M. (1999). *Emotions of Normal People*. London: Routledge.

Mühlhaus, O. (2000). Was taugen Psychotests? Der Blick ins Ich. *ManagerSeminare, 44,* 76–88.

Magnusson, D. (1990). Personality development from an interactional perspective. In L. A. Pervin (Ed.), *Handbook of personality: Theory and measurement* (pp. 193–222). New York: Guilford.

Miller, G. A. (1956). The magical number seven plus or minus two. Some limits on our capacity for processing information. *Psychological Review, 63,* 81–97.

Mischel, W. (1968). *Personality and assessment*. New York: Wiley.

Mischel, W. (1977). The Interaction of Person and Situation. In D. Magnusson & N. S. Endler (Eds.), *Personality at the Crossroads: Current Issues in Interactional Psychology* (pp. 333–352). Hillsdale: Erlbaum.

Morgenthaler, W. (1992). *Rorschach-Psychodiagnostik* (11. Aufl.). Bern: Huber.

Moser, K. (1991). *Konsistenz der Person*. Göttingen: Hogrefe.

Murray, H. A. (1991). *Thematic Apperception Test (TAT,* 3. Aufl.). Bogner Regis (GB): Wiley & Sons.

Ostendorf, F. & Angleitner, A. (2004). NEO-Persönlichkeitsinventar nach Costa und McCrae, revidierte Fassung (NEO-PI-R). Göttingen: Hogrefe.

Oswald, W. D. & Roth, E. (1987). *Der Zahlen-Verbindungs-Test (ZVT)* (2. Aufl). Göttingen: Hogrefe.

Pawlik, K. (1996). Diffentielle Psychologie und Persönlichkeitsforschung: Grundbegriffe, Fragestellungen, Systematik. In K. Pawlik (Hrsg.), *Grundlagen und Methoden der differentiellen Psychologie – Enzyklopädie der Psychologie,* Bd. 1 (S. 4–30). Göttingen: Hogrefe.

Rauen, C. (2003). *Coaching*. Praxis der Personalpsychologie (Bd. 2). Göttingen: Hogrefe.

Roberts, B. W. & DelVecchio, W. F. (2000). The rank-order consistency of personality traits from childhood to old age: A quantitative review of longitudinal studies. *Psychological Bulletin, 126,* 3–25.

Rohr, R. & Ebert, A. (1999). *Das Enneagramm. Die 9 Gesichter der Seele*. München: Claudius.

Rosenstiel, L. v. (2004). Kommunikation in Arbeitsgruppen. In H. Schuler (Hrsg.), *Lehrbuch Organisationspsychologie* (3. Aufl., 387–414). Bern: Huber.

Ryan, A. M., McFarland, L., Baron, H. & Page, R. (1999). An International Look at Selection Practices: Nation and Culture as Explanations for Variability in Practice. *Personnel Psychology, 52* (2), 359–392.

Salgado, J. F. (1997). The Five Factor Model of Personality and Job Performance in the European Community. *Journal of Applied Psychology, 82* (1), 30–43.

Sarges, W. (1995). Bewerber-Interviews und Mitarbeiter-Gespräche: Engpaß Exploration. In B. Voß (Hrsg.), *Kommunikations- und Verhaltenstrainings* (S. 136–156). Göttingen: Verlag für Angewandte Psychologie.

Sarges, W. (2000a). Eignungsdiagnostische Überlegungen für den Managementbereich. In W. Sarges (Hrsg.), *Management-Diagnostik* (3. Aufl., S. 1–21). Göttingen: Hogrefe.

Sarges, W. (2000b). (Hrsg.). *Management-Diagnostik* (3. Aufl.). Göttingen: Hogrefe.

Sarges, W. (2001). (Hrsg.). *Weiterentwicklungen der Assessment Center-Methode* (2. Aufl.). Göttingen: Hogrefe.

Sarges W. & Wottawa, H. (Hrsg.). (2004). *Handbuch wirtschaftspsychologischer Testverfahren* (2. Aufl.). Lengerich: Pabst.

Scheelen, F. M. (2003). Insights MDI-Leadership-Check. In J. Erpenbeck & L. v. Rosenstiel (Hrsg.), *Handbuch Kompetenzmessung* (S. 519–527). Stuttgart: Schäffer-Poeschel.

Scherm, M. & Sarges, W. (2002). *360°-Feedback.* Göttingen: Hogrefe.

Schmidt, F. L. & Hunter, J. E. (1977). Development of a General Solution to the Problem of Validity Generalization. *Journal of Applied Psychology, 62* (5), 529–540.

Schmidt, F. L. & Hunter, J. E. (1998). The validity and utility of selection methods in personnel psychology: Practical and theoretical implications of 85 years of research findings. *Psychological Bulletin, 124* (2), 262–274.

Schwertfeger, B. (2004). Mit Gütesiegel – Die neue DIN 33430 soll für mehr Qualität bei der Personalauswahl sorgen und damit auch schwarze Schafe unter den Anbietern von Persönlichkeitstests entlarven. *Die Welt – Karrierewelt, 21. 02. 2004,* S. B1.

Schneewind, K. A. & Graf, J. (1998). *Der 16-Persönlichkeits-Faktoren-Test. Revidierte Fassung (16 PF-R).* Bern: Huber.

Schuler, H. (2001). Arbeits- und Anforderungsanalyse. In H. Schuler (Hrsg.). *Lehrbuch der Personalpsychologie* (S. 43–61). Göttingen: Hogrefe.

Schuler, H. (2000a). Personalauswahl im europäischen Vergleich. In E. Regnet & L. M. Hofmann (Hrsg.), *Personalmanagement in Europa* (S. 129–139). Göttingen: Verlag für Angewandte Psychologie.

Schuler, H. (2000b). *Psychologische Personalauswahl. Einführung in die Berufseignungsdiagnostik.* (3. Aufl.). Göttingen: Verlag für Angewandte Psychologie.

Schuler, H. & Stehle, W. (1983). Neuere Entwicklungen des Assessment-Center-Ansatzes unter dem Aspekt der sozialen Validität. Psychologie und Praxis. *Zeitschrift für Arbeits- und Organisationspsychologie, 27 (N. F. 1),* 33–44.

Schuler, H., Frier, D. & Kaufmann, M. (1993). *Personalauswahl im europäischen Vergleich.* Göttingen: Verlag für Angewandte Psychologie.

Schuler, H. & Prochaska, M. (2001). *Leistungsmotivationsinventar (LMI).* Göttingen: Hogrefe.

Schuler, H. & Höft, S. (2004). Diagnose beruflicher Eignung und Leistung. In H. Schuler (Hrsg.), *Lehrbuch Organisationspsychologie* (3. Aufl, S. 289–343). Bern: Huber.

Shackleton, V. & Newell, S. (1994). European management selection methods: A comparison of five countries. *International Journal of Selection and Assessment, 2* (2), 91–102.

Stephenson, W. (1935). Correlating persons instead of Tests. *Character and Personality, 4,* 17–24.

Taylor, H. C. & Russell, J. T. (1939). The Relationship of Validity Coefficients to the Practical Effectiveness of Tests in Selection: Discussion and Tables. *Journal of Applied Psychology, 23,* 565–578.

Tett, R. P., Jackson, D. N. & Rothstein, M. (1991). Personality Measures as Predictors of Job Performance: A Meta-Analytic Review. *Personnel Psychology, 44,* 703–742.

Wiggins, J. S., Trapnell, P. & Phillips, N. (1988). Psychometric and geometric characteristics of the Revised Interpersonal Adjective Scales (IAS-R). *Multivariate Behavioral Research, 23,* 517–530.

Wottawa, H. (2000a). Perspektiven der Potentialbeurteilung: Themen und Trends. In L. v. Rosenstiel & T. Lang v. Wins (Hrsg.). *Perspektiven der Potentialbeurteilung,* S. 27–51. Verlag für Angewandte Psychologie: Göttingen.

Wottawa, H. (2000b). Umsetzung von situationsdiagnostischen Erkenntnissen in persondiagnostische Überlegungen. In W. Sarges (Hrsg.), *Management-Diagnostik* (3. Aufl., 175–194). Göttingen: Hogrefe.

Wottawa, H. & Hossiep, R. (1987). *Grundlagen psychologischer Diagnostik.* Göttingen: Hogrefe.

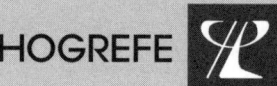